苏州城市绿化
主要病虫害防治手册

周婷婷　吴雪芬　主编

苏州新闻出版集团
古吴轩出版社

图书在版编目（CIP）数据

苏州城市绿化主要病虫害防治手册/周婷婷，吴雪芬主编.--苏州:古吴轩出版社，2023.6
ISBN 978-7-5546-2080-9

Ⅰ.①苏… Ⅱ.①周…②吴… Ⅲ.①城市－绿化－园林植物－病虫害防治－苏州－手册Ⅳ.①S436.8-62

中国国家版本馆CIP数据核字(2023)第002723号

责任编辑：鲁林林
见习编辑：刘雨馨
装帧设计：韩桂丽　孙佳婧
责任校对：戴玉婷

书　　名：苏州城市绿化主要病虫害防治手册
主　　编：周婷婷　吴雪芬
出版发行：苏州新闻出版集团
古吴轩出版社
地址：苏州市八达街118号苏州新闻大厦30F
电话：0512-65233679　　邮编：215123
出 版 人：王乐飞
印　　刷：苏州日报印刷中心有限公司
开　　本：787mm×1092mm 1/16
印　　张：13.25
字　　数：203千字
版　　次：2023年6月第1版
印　　次：2023年6月第1次印刷
书　　号：ISBN 978-7-5546-2080-9
定　　价：128.00元

前　言

城市绿化是现代化城市建设的重要组成部分，作为唯一有生命的基础设施，在改善生态环境、提高城市品质、服务民生福祉等方面发挥着重要作用。植物是城市绿化的核心要素，其生长状态直接影响景观效果，做好绿化植保工作，对巩固城市绿化成果、保障生态环境安全具有重要意义。自2011年以来，苏州市园林和绿化管理局联合苏州市农业职业技术学院开展城市绿化植物病虫害的监测和预报预警工作，每月发布植保简报，指导全市绿化主管部门和养护单位及时有效地开展各类病虫害防治工作，为城市绿化保驾护航。

为普及绿化植物病虫害知识、提升养护人员从业水平，笔者梳理总结了十余年来城市绿化植物病虫害监测的成果和经验，编成《苏州城市绿化主要病虫害防治手册》一书。本书从园林绿化工作者熟悉的植物入手，围绕苏州常见绿化植物中主要发生的病虫害形态特征及危害、发生规律、防治方法等内容进行阐述，突出实用性和针对性。全书图文并茂、通俗易懂，可供广大园林绿化工作者、植物爱好者、教学科研人员参考使用。

由于编者水平有限，书中难免存在疏漏和错误之处，敬请广大读者批评指正。

编者

2023年5月

目　录

第一部分　常见乔木主要病虫害识别和防治

第二部分　常见灌木主要病虫害识别和防治

第三部分　常见花草主要病虫害识别和防治

第四部分 常见地被、草坪、竹类、水生植物主要病虫害识别和防治

第一部分　常见乔木主要病虫害识别和防治

一、香樟

香樟常见病虫害有黄化病、樟巢螟、香樟细蛾、樟脊冠网蝽、樟个木虱、黑刺粉虱、樟叶蜂、樟颈蔓盲蝽等。

黄化病

又称缺绿病，常见于香樟、栀子花、石楠、杜鹃、大叶黄杨等。

◆ 发病症状

香樟黄化病开始多发生在顶端或外层嫩梢，新叶比老叶严重。发病初期，枝梢新叶脉间叶肉失绿黄化，叶脉仍然是绿色。随着黄化程度加重，叶片由绿变黄白、变薄，光合作用能力不断减弱。随着病害进一步发展，全叶变白、变小，树势衰弱，易受冻害，树冠萎缩，枝梢枯死，甚至整株衰竭死亡。

发生黄化病的香樟，春天新叶抽出生长比正常树推迟7~20天。一般春季3~5月，黄化病最为严重，夏季6~8月，叶片出现返青现象，秋冬季11月后，又开始转黄。

黄化病初期症状

黄化病全株症状

◆ 病原及发生规律

病原属生理性病害，是由于碱性土壤钙离子含量高、铁离子含量低引起的。

香樟喜酸性土壤，若长期生长在偏碱性土壤中，会影响其根系对铁元素及其他微量元素的吸收。另外，土壤中缺乏营养元素，根系发育不良或化肥、农药施用不当，也会影响香樟对铁元素的吸收。

◆ 防治方法

1. 因地制宜施用酸性土及有机肥，改良土壤立地条件。

2. 改变土壤酸碱度，提高叶片含铁量。施酸性肥料，如在根系周围打孔灌1∶30硫酸亚铁液，树干注射硫酸亚铁15g、尿素50g、硫酸镁5g、水1000mL的混合液，叶面喷0.1%～0.2%硫酸亚铁溶液或尿素铁、柠檬酸铁等。

樟巢螟

又名樟丛螟、樟叶瘤丛螟，属鳞翅目，螟蛾科。主要为害香樟、山苍子、山胡椒等樟科植物。

◆ 形态特征及危害

成虫灰褐色，老熟幼虫棕褐色，各节有黑色瘤点。茧土黄色，形似小泥块。幼虫吐丝缀叶，在树冠上结挂许多鸟巢状虫苞，在巢内食叶与嫩梢，严重时可将叶食尽。当吃光虫苞附近叶片时，另找枝叶缀合新苞继续为害。

樟巢螟幼虫

樟巢螟越冬茧

鸟巢状虫苞

受害树上挂满虫巢

◆ 发生规律

1年发生2代，以老熟幼虫在树冠下浅土层内结茧越冬。翌年4月中下旬越冬幼虫开始化蛹，6~7月中旬为第1代幼虫危害期，8~9月为第2代幼虫危害期，10月后老熟幼虫陆续下树入土结茧越冬。

◆ 防治方法

1. 冬春季翻耕树下土壤，销毁越冬蛹。春季新梢生长时适当修剪。

2. 1~2龄幼虫期，人工摘除虫叶并销毁。4~5龄期虫巢已形成，一般在6月中下旬~7月上中旬和9月中旬，即老熟幼虫入土化蛹时或越冬前，剪除1代和2代幼虫虫巢，并清除虫苞内幼虫。

3. 为害严重时，7月上中旬，用药防治第1代幼虫，严重地段隔7~10天再次用药。8月底~9月上中旬，虫苞大量出现，即在第2代幼虫盛发暴食期，用药防治，为害严重地段隔7~10天再次用药。

4. 使用黑光灯诱杀成虫。

5. 保护和利用姬蜂、茧蜂、寄蝇及蟾蜍、蛙类等多种天敌。

樟细蛾

属鳞翅目，细蛾科，主要为害香樟。

◆ 形态特征及危害

成虫很小，喜产卵于枝叶茂盛的大树上。幼虫多选择树冠外围叶片，潜叶取食叶肉。蛀道为弯弯曲曲、细长的灰白色线状“隧道”，幼虫在卷叶内作茧化蛹。

幼虫在樟叶内形成的灰白色蛀道

樟叶内的虫茧

◆ 发生规律

1年发生3~4代，以蛹在被害植物的落叶内越冬为害。翌年3~4月，幼虫开始蛀入香樟叶片取食叶肉，夏、秋季为害重，8月最严重。

◆ 防治方法

1. 结合秋冬季、早春修枝整形，剪除虫枝，摘除虫叶并销毁。冬季枝干可刷石灰水，减少虫口。

2. 在第1、2代为害严重时，可用药剂防治。防治成虫和卵一般选择在傍晚，防治幼虫宜选在晴天午后，隔7~10天喷1次，连续喷3~4次。对高大树体，可使用药剂注射法，注入后用湿泥或胶带封住注孔。

3. 保护和利用瓢虫、食虫螨等天敌。

樟脊冠网蝽

属半翅目，网蝽科，主要为害香樟。

◆ 形态特征及危害

成虫体长约3.5mm，宽约1.8mm，体扁平，椭圆形，头卵形网膜状，头逐渐向后宽大，腹部腹面呈黄褐色。初孵若虫为乳白色，取食后为淡黄色。以成虫、若虫聚集叶背刺吸为害，被害叶正面产生浅黄、浅白色小点或苍白色斑块，叶背面出现褐色小点或锈色斑块。为害严重时，叶片上斑点连成片，全叶失绿，生长势衰弱，叶片提早脱落。

樟脊冠网蝽成虫

樟脊冠网蝽为害状

◆ 发生规律

1年发生4代，以卵在叶片主脉和叶肉组织中越冬。9月下旬~11月中旬陆续出现越冬卵。翌年4月下旬越冬卵开始孵化，4~5月开始为害，7~8月为为害盛期。

◆ 防治方法

1. 清除虫叶及周边的杂草，集中销毁或深埋，减少越冬虫源。

2. 对部分树冠较密的香樟进行抽稀或整枝疏叶，加强通风透光。

3. 保护和利用螳螂、草蛉、小花蝽、瓢虫等捕食性天敌。

4. 大面积发生时，在3月底~4月初第1代若虫孵化期，建议使用药剂防治，注意喷洒叶背面，一般连续喷施2~3次。

樟个木虱

又名香樟树木虱、香樟木虱，属半翅目，个木虱科，检疫性害虫。

◆ 形态特征及危害

成虫体为黄色，若虫初孵为黄绿色，后为橘黄色，老熟时为灰黑色，体周有白色蜡质分泌物。以若虫在叶背刺吸为害，被害叶正面小突起，叶背面凹陷，虫体匿居于凹陷中刺吸。被害处叶面增生加厚，形成紫红色虫瘿，叶片扭曲。

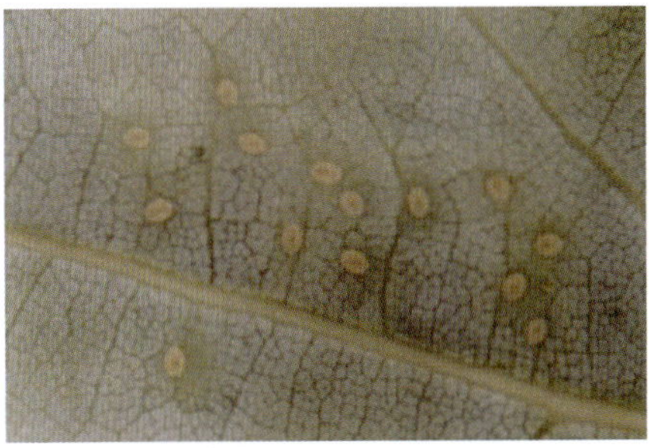

樟个木虱若虫

樟个木虱为害状

◆ 发生规律

1年发生2~3代，以2龄若虫在香樟叶背越冬。翌年3~4月，越冬成虫陆续羽化。4月中下旬为第1代若虫孵化盛期，初孵若虫爬行至叶片背面合适部位固定吸食植物汁液为害。6月中旬夏梢萌发，第2代若虫开始为害。

◆ 防治方法

1. 引用、外运和种植植株前要加强检疫，及时销毁虫株。
2. 3~4月对香樟进行适度修剪，剪除带虫卵枝条。
3. 保护和利用蚜虫跳小蜂、黄斑盘瓢虫等天敌。
4. 若虫发生盛期，可用药剂防治。重点喷洒叶背面，最佳时机为虫瘿形成以前和若虫孵化期。

黑刺粉虱

又名桔刺粉虱、刺粉虱等，属半翅目，粉虱科。主要为害香樟、茶树、柑橘、枇杷等植物。

◆ 形态特征及危害

成虫前翅为紫褐色，有6个白斑，后翅为淡紫褐色。若虫为黑色，体周缘有明显白蜡圈。蛹漆黑有光泽，周缘有较宽的白蜡边。成虫、若虫刺吸叶、嫩枝汁液，被害叶失绿，产生黄白斑点，随着为害加重，斑点扩展成片，全叶苍白。黑刺粉虱排泄蜜露还会诱发煤污病，严重时枝叶枯竭，树木枯死。

黑刺粉虱若虫

黑刺粉虱成虫

◆ 发生规律

1年发生4~5代，以2~3龄若虫在叶背越冬。3月上旬~4月上旬越冬若虫化蛹，3月下旬~4月上旬大量成虫羽化，有趋光性，可借风力传播到远方。各代若虫为害发生期：第1代4月下旬~6月，第2代6月下旬~7月中旬，第3代8月中旬~9月上旬，第4代10月~翌年2月。

黑刺粉虱为害状

◆ 防治方法

1. 剪除密集虫害枝，中耕、施肥，增强树势，提高植株抗虫能力。

2. 早春发芽前，结合防治蚧虫、蚜虫、红蜘蛛等，喷含油量5%的柴油乳剂或黏土柴油乳剂，防治越冬若虫。

3. 保护和利用寄生蜂、瓢虫、草蛉和寄生性真菌等天敌。

樟颈蔓盲蝽

属半翅目，盲蝽科，主要为害香樟。

◆ 形态特征及危害

成虫长椭圆形，有明显光泽。雌、雄相似，雄虫略小。头黄褐色，头顶中部有一隐约的浅红色横带，前端中央有一黑色大斑。复眼发达、黑色，颈黑褐色，喙淡黄褐色，末端黑褐色。触角珊瑚色。若虫半透明，浅绿色，长型。卵产于叶柄、叶主脉及嫩梢皮层内，乳白色，光亮、半透明，长茄状，略弯。

以若虫、成虫在香樟叶背刺吸汁液为害。被害叶片正反两面有褐色斑，部分叶背有黑色点状分泌物。为害严重时造成大量落叶，或整个枝条叶全脱落，仅剩果，秋天不发新叶，不抽秋梢，冬后全树呈黄色，影响正常光合作用，导致植株生长衰弱，影响景观绿化效果。

樟颈蔓盲蝽成虫、若虫

樟颈蔓盲蝽为害状

◆ **发生规律**

1年发生多代，世代重叠，以卵在樟叶柄、主脉及嫩枝皮层内越冬。4月中下旬越冬卵开始孵化，5月上旬出现若虫，6月成虫开始产第2代卵，6月下旬进入孵化盛期，7月第2代若虫开始为害，8月中下旬第3代若虫出现，7月下旬~9月中下旬，进入为害高峰期。

◆ **防治方法**

1. 清除落叶，集中烧毁，减少虫源。

2. 8~10月天气干旱，可加强肥水管理，增强树势，提高抗虫力。

3. 保护和利用螳螂、花蝽、瓢虫、草蛉等天敌。

4. 成虫具有趋黄性，可利用黄色频振式杀虫灯或黄色杀虫板进行诱杀。

5. 因世代重叠，卵产在组织内，防治不易彻底，化学防治重点应在第1、2代若虫期、成虫期，可选用10%吡虫啉可湿性粉剂1000~1500倍，或25%敌杀死（溴氰菊酯）1500倍，或0.5%苦参碱水剂800~1000倍液喷雾防治，隔10~15天左右喷1次，连续2~3次。

二、桂花

桂花常见病虫害有叶斑病、全爪螨、马氏粉虱等。

叶斑病

又称桂花枯斑病，是桂花的一种叶部病害。

◆ 发病症状

病斑发生在叶缘或叶尖，初为淡褐色小斑，后不断向内扩展，形成红褐色或灰褐色斑块，边缘深褐色，卷曲易碎，上生黑色小点，为病菌的分生孢子器和分生孢子。

叶斑病中期症状

叶斑病后期症状

◆ 病原及发生规律

病原为叶点霉属桂花叶点霉菌真菌。病菌以菌丝体、分生孢子器在病叶和病落叶上越冬，分生孢子借风雨传播。5月新叶开始发病，7~11月为发病高峰期。一般老叶比新叶发病重、落叶早。为害严重时，会削弱植株长势，降低桂花产花量。

◆ 防治方法

1. 冬季清除病落叶并集中处理，减少侵染源。

2. 避免冻害，合理排水和浇灌，增强树势，提高抗病力。

全爪螨

又名瘤皮红蜘蛛，属蛛形纲，蜱螨目，叶螨科。主要为害桂花、柑橘、樱桃、梨、苹果等植物。

◆ 形态特征及危害

雌成螨椭圆形，暗红色，足4对。雄成螨略小，鲜红色，体末端较狭，足较长。卵初产时鲜红色，孵化时颜色减退。幼螨初孵时淡黄色，足3对。若螨脱皮3次后为成螨。

幼螨、若螨、成螨均吮吸叶片、嫩枝汁液，被害叶面呈现许多灰白色小斑点，叶片失去光泽，严重时全叶灰白，引起大量落叶，严重影响开花和植株生长。若遇冬暖春旱天气，越冬虫口密度大，为害加重。夏季高温，全爪螨繁殖受到抑制，有移到枝干树皮中越夏的现象。

全爪螨成虫

全爪螨为害状

◆ 发生规律

1年发生12~18代，以卵、若螨或成螨在叶背或树皮裂缝中越冬（温暖地区可终年为害）。次年2~3月越冬卵大量孵化，4~5月易爆发成灾。春季高温干旱少雨，利于发生。夏季气温超过30℃时，虫口数量受到抑制。当平均每叶越冬虫口超过1头时，为大发生；每叶在0.5头以下时，为中等发生。

◆ 防治方法

1. 冬季清理杂草、枯枝、落叶，树干涂白，减少全爪螨越冬量。

2. 通过冬季深翻改土，增施有机肥和磷钾肥；冬干春旱时，适时浇灌，增加土壤湿度，促进植株健壮生长，提高植株抗病虫能力。

3. 早春用药挑治，压低虫口基数。喷全株，间隔7天防治1次，连喷2~3次，叶片正、反两面均匀喷到。

4. 由于全爪螨个体小，繁殖快，难以及时发现，易造成防治失时。需加强日常检查，在发生初期，及时做好防治工作。

马氏粉虱

又名橘黑粉虱、黑蛹无刺粉虱等，属半翅目，粉虱科，主要为害桂花。

◆ 形态特征及危害

雌成虫头胸部黄色，翅半透明敷有白粉，雄成虫体略小。幼虫共3龄，初孵时淡黄绿色，后变褐色，体周分泌白色蜡质物。以若虫群集叶背刺吸汁液为害。排泄物黏附在叶片，会诱发煤污病，导致叶片提早脱落，树势衰弱，开花减少。

桂花马氏粉虱成虫

桂花马氏粉虱伪蛹及为害状

◆ **发生规律**

1年发生3代，以2龄若虫在叶片背面越冬，各代成虫发生高峰期分别在5月中下旬、7月中下旬、9月下旬和10月上旬。

◆ **防治方法**

1. 清除周围杂草，定期修剪徒长枝、丛生枝，加强通风透光。
2. 营造生物多样性的生态环境，保护和利用自然天敌。
3. 若虫孵化期，建议药剂防治。

三、栾树

栾树常见病虫害有栾树多态毛蚜、日本双棘长蠹等。

栾树多态毛蚜

又名栾树蚜虫，属半翅目，毛蚜科。主要为害栾树、复羽叶栾树、七叶树等。

◆ 形态特征及危害

无翅孤雌蚜长卵圆形，黄绿色或墨绿色。有翅孤雌蚜头、胸部黑色，腹部黄色，体背有明显的黑色横带。越冬卵椭圆形，深墨绿色。若蚜浅绿色，与无翅成蚜相似。春天随着栾树新芽萌动，新叶萌发，被越冬卵孵化出的干母若蚜大量胎生的无翅孤雌蚜，转移到新芽和新叶上聚集刺吸汁液对栾树形成危害，严重时嫩枝布满虫体，树势衰弱，甚至死亡。同时无翅孤雌蚜会产生大量蜜露，诱发树下植被发生煤污病。

栾树多态毛蚜无翅蚜

◆ 发生规律

1年发生5代，以卵在芽苞、树皮伤口裂缝中越冬。翌年3月中下旬~4月栾树萌芽，越冬卵孵化为干母若蚜，栖息在芽缝处刺吸，与树芽颜色相似。4~5月为繁殖高峰期，是全年最主要的为害期，也是防治关键期。10月中下旬有翅蚜迁回栾树，产生雄蚜和雌蚜，交尾后产卵于树皮伤疤、裂缝等处越冬。

◆ 防治方法

1. 春季发生初期，剪去树干上虫害严重的萌生枝，清除初发生尚未扩散的蚜虫；秋季栾树花凋谢，剪除枯焦果枝。

2. 冬末和春初树体萌动前喷1~2波美度石硫合剂。栾树多态毛蚜在叶背近边缘处产生小型越夏型白色小点时，或4月下旬~6月上旬有翅蚜大量发生迁飞扩散前，是药剂防治适期，连用复配剂或轮换用药2~3次。

3. 在树周围悬挂黄色薄型塑料板诱杀有翅蚜。

4. 保护和利用草蛉、瓢虫、蚜茧蜂、食蚜蝇和食蚜虻等天敌。

日本双棘长蠹

别名二齿茎长蠹，属鞘翅目，长蠹科，检疫性害虫。主要为害栾树、复羽叶栾树、槐树、栎树、榆树等。

◆ 形态特征及危害

成虫体长约4.2~5.6mm，赤褐色，圆柱形。前胸背板发达，似帽状，盖着头部。鞘翅密布粗刻点，后缘急剧向下倾斜，斜面合缝两侧有1对刺状隆起。卵椭圆形，白色半透明。老熟幼虫体长约4~6mm，乳白色，略弯曲，蛴螬形，足3对，棕红色。蛹初期白色，近羽化时头、前胸背板及鞘翅黄色，离蛹。

主要以成虫和幼虫蛀食生长势弱的树木枝干形成危害，可导致枝条枯死或容易受风折枝，幼树甚至可全株死亡。被害初期外观无明显被害状，发现被害时，常为时已晚。

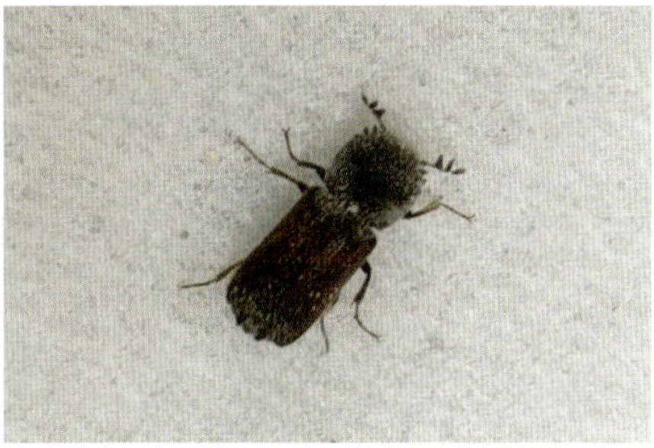

日本双棘长蠹成虫

枝条上的蛀孔

◆ 发生规律

1年发生1代，以成虫在枝条蛀道内越冬，翌年3月中下旬开始取食为害。5~6月为幼虫为害期，幼虫在枝内蛀食，将木质部蛀成白色碎末状。6月上旬幼虫开始化蛹，7~8月新成虫羽化，蛀出若干小孔，排出大量蛀屑，约10天后飞出补充营养，具有趋光性。8月中下旬成虫又进入蛀道内为害，并钻进木材缝隙或孔洞中，咬出产卵窝，将卵产于其中。幼虫孵化后沿木材纵向蛀出弯曲坑道，互相交错，其中充满粉状排泄物。10月下旬~11月初，成虫又转移到1~3cm粗的健壮新枝条上为害，横向环行蛀食树枝木质部，形成一环状蛀道，切断树木养分和水分的输导，在此蛀道内越冬。

◆ 防治方法

1. 日本双棘长蠹适应性强，可随苗木调运而引起大发生，应加强检疫。

2. 应加强养护管理，合理施肥和灌水，提高树木生长势，增强抗虫性。

3. 4月中旬~6月中上旬，剪除并销毁带虫枝、风折枝。冬季，集中清理枯枝落叶，降低虫口基数。

4. 利用生物防治法，5月中旬释放天敌管氏肿腿蜂，寻找和寄生日本双棘长蠹幼虫和蛹。

5. 3~4月和6~8月为成虫转移活动期和交尾产卵期，选用5%高效氯氰菊酯乳油1000倍液，或8%绿色威雷1500倍液进行枝干喷雾防治。

四、柳树

柳树的主要病虫害有天牛、舟蛾、毒蛾等。

天牛

重要的蛀干害虫，属鞘翅目，天牛科。主要种类有星天牛、光肩星天牛、桑褐天牛等。主要为害柳树、杨树、榆树、刺槐、悬铃木、樱花、海棠等。

天牛幼虫蛀屑

星天牛

◆ 形态特征及危害

星天牛成虫体黑色略带金属光泽。鞘翅基部密布黑色小颗粒，翅表面有白毛斑20余个。老熟幼虫乳白色。初孵幼虫先取食表皮，1~2个月后蛀入木质部，破坏输导组织，严重时树被蛀空枯死。幼虫期长达10个月，为害至11~12月陆续越冬。

◆ 发生规律

星天牛1年发生1代或2年发生1代。以幼虫在被害寄主枝干木质部蛀道内越冬。翌年3月越冬幼虫开始蛀食形成危害。5~7月为成虫羽化期，成虫靠咬食枝条嫩皮补充营养。6月上旬为产卵高峰，中旬为为害盛期。

星天牛成虫

光肩星天牛

◆ 形态特征及危害

光肩星天牛成虫

光肩星天牛成虫黑色有光泽，鞘翅基部光滑无颗粒状突起。翅面上有大小不等的白色绒毛状斑纹20个左右。幼虫孵出后，开始取食腐坏的韧皮部，并将褐色粪便及蛀屑从产卵孔中排出。3龄末或4龄幼虫在树皮下取食，开始蛀入木质部，致被害树蛀空枯死。

◆ 发生规律

光肩星天牛1年发生1代或2年发生1代，以1~3龄幼虫越冬。翌年3月下旬幼虫开始蛀食为害。5~7月成虫白天活动，靠取食嫩枝树皮补充营养。

◆ 防治方法

1. 剪除被害枝梢，伐除枯死或风折树木，清除幼虫，更新衰老树，减少其产卵场所。

2. 成虫飞翔力不强，有假死性，可人工捕杀成虫。5月上旬成虫羽化前用生石灰5kg、硫磺0.5kg、水20kg，调成灰浆，涂白树干，防止成虫产卵。

3. 4~6月用利刀或圆凿清除虫卵（流胶状泡沫处），除去蛀道内粪粒后，插入一有刺藤条刺杀幼虫或用钢丝钩杀幼虫。

4. 受害株率高、虫口密度大时，可选用内吸性药剂喷施受害树干。

5. 保护和利用天敌，如招引益鸟、释放寄生蜂等。

舟蛾

属鳞翅目，舟蛾科。因幼虫静止时首尾上翘，似小船而得名。为害柳树的舟蛾主要为杨扇舟蛾。

◆ 形态特征及危害

杨扇舟蛾又名白杨天社蛾、小叶杨天社蛾。成虫体淡褐色，头顶有一紫黑色斑，前翅顶角处有一暗褐色扇形斑。老熟幼虫头部黑褐色，每节着生横列的橙红色肉瘤8个，腹部第2节、第8节背面中央各生有1个红褐色大肉瘤。

初孵幼虫群集取食叶肉，由下向上为害树冠。2龄后吐丝缀叶，形成大的成苞，白天藏匿其中，夜晚出苞取食。3龄后分散取食，发生量大时叶片成片被吃光。7~8月高温多雨季节为害最为严重。

杨扇舟蛾蛹

杨扇舟蛾幼虫

◆ **发生规律**

1年发生4代，以蛹结薄茧在土中、树皮缝和枯叶内越冬。翌年3月中旬越冬代成虫羽化，4月下旬第1代幼虫孵化开始取食叶片为害。6月上中旬第一代成虫开始羽化，产卵于叶背，越冬代成虫卵产于枝干上，每只雌成虫可产卵100~600粒/次。9月中下旬，老熟幼虫陆续化蛹越冬。

◆ **防治方法**

1. 幼虫群聚为害时，应及时摘除被害叶和虫苞。4~9月发生量大时，各代幼虫3龄期前建议药剂防治。

2. 4~6月成虫羽化期，可利用杀虫灯诱杀成虫。

3. 保护和利用黑卵蜂、舟蛾赤眼蜂、小茧蜂、伞裙追寄蝇、颗粒体病毒等天敌。

4. 冬春季结合翻耕、松土，清除越冬蛹。

毒蛾

属鳞翅目，毒蛾科。为害柳树的毒蛾主要有柳毒蛾等。

◆ 形态特征及危害

柳毒蛾又名雪毒蛾、杨毒蛾。成虫白色，具绢丝光泽。末龄幼虫背部灰黑色混有黄色，两侧黑褐色，身体各节有瘤状突起，其上簇生黄白色长毛。以幼虫啃食叶片为害，受害叶片呈缺刻或孔洞状，严重时叶片被食光，仅留叶皮及叶脉，呈网状。柳毒蛾白天爬到树洞、树枝缝隙中、树下或各种物体下面躲藏，夜间上树为害。

柳毒蛾成虫

柳毒蛾幼虫

◆ 发生规律

1年发生2~3代，以2龄幼虫在树皮缝作薄茧越冬。翌年4月中下旬，杨、柳展叶期，越冬幼虫开始活动，5月上中旬为越冬代幼虫为害盛期。7月初第1代幼虫开始孵化为害，8月第2代幼虫为害，9月中下旬第3代幼虫进行轻度为害后，于月底或10月初开始越冬。

◆ 防治方法

1. 可利用黑光灯诱杀成虫。

2. 招引、保护并利用食虫鸟类。

3. 柳毒蛾幼虫有白天下树、晚间上树的习性，可在树干基部涂毒环毒杀幼虫。还可在树干上束草，诱杀幼虫，集中处理。

4. 大发生时，可用1400亿个孢子/克球孢白僵菌防治幼虫。

五、桃树

桃树的主要病虫害有真菌性褐斑穿孔病、流胶病、桃缩叶病、桃红颈天牛、桃蚜、桃叶蝉、桃白蚧、朱砂叶螨等。

真菌性褐斑穿孔病

主要侵害叶片，其次为害果实和新梢。

◆ 发病症状

叶片发病初期背面出现不规则红褐色斑，最后呈紫红色干枯穿孔。枝梢发病，初期产生褐色圆形病斑，后期病斑隆起、颜色加深，有时出现流胶现象。病菌只为害病枝表层，第2年树液流动时产生小黑点。

真菌性褐斑穿孔病中期症状

真菌性褐斑穿孔病后期症状

◆ 病原及发生规律

由真菌侵染引起。病菌以菌丝体或分生孢子在被害叶、枝梢或芽内越冬。翌年，越冬病菌产生分生孢子，借风雨传播，先从幼叶侵入，产生新的分生孢子后，再侵入枝梢或果实。5~6月及8~9月多雨高湿有利发病。

◆ 防治方法

1. 加强栽培管理，提高树体抗病力，适当增施有机肥和磷钾肥。

2. 秋末冬初结合修剪，清除病枝、枯死枝、僵果等，并集中销毁。

3. 发生严重时，建议药剂防治，落花后半月是防治的关键时期，药剂交替使用，间隔10~15天喷药1次，共3~4次。

流胶病

又称疣皮病、树脂病、腐烂病，是当前在桃树中普遍发生的病害。特别是管理粗放、树势衰弱的桃树，发病株率可达90%以上。

◆ 发病症状

主要发生于枝干，尤以主干、主枝分叉处及伤口部位最常见。发病初期，病部膨胀，然后分泌出半透明、柔软的树胶。雨后流胶病重，树胶与空气接触变为褐色，成为晶莹柔软的胶块，最后干燥变成红褐色或茶褐色的坚硬胶块。流胶严重时树干布满胶汁，树皮开裂，树体日趋衰弱，易成为桃红颈天牛产卵场所。发生严重时，会引起枝枯甚至死亡。

流胶病

切口处分泌大量树胶

◆ 病原及发生规律

发病原因有两种：一种是非侵染性病原（无病原菌），伤口是导致流胶最主要的原因，包括虫伤、冻伤、日灼及各种树皮损伤等造成的伤口。此外，管理粗放、修剪过重、结果过多等造成树体衰弱也会引发流胶。另一种是由病原真菌引起的侵染性流胶病。病原菌以菌丝体、分生孢子器在树干、树枝病组织中越冬。翌年3月下旬至4月中旬，桃花萌芽前后，病原菌产生大量分生孢子，借风雨传播，从伤口侵入，多次侵染引发病害。

春季低温多阴雨有利病害发生，雨季流胶病更严重。1年有2次发病高峰，分别是5月上旬~6月上旬、8月上旬~9月上旬。9月下旬~10月中旬侵染缓慢停止，入冬以后流胶停止。

◆ 防治方法

1. 合理修剪和疏果，减少伤口，加强栽培管理，增强树势。

2. 冬季培土，茎干绑草或树干涂白防冻。可用20%~25%石灰乳或涂白剂涂刷树干，涂白剂配方：生石灰：食盐：水=5：0.5：20~25。

3. 早春桃芽萌动膨大前，喷1次4~5波美度石硫合剂，杀死越冬病菌。

4. 春季桃树萌芽前刮除病斑，然后涂上石硫合剂残渣，或1：1：100波尔多液，春秋季各涂抹2~3次，连防1~2年。

5. 3月底树液开始流动时，将生石灰粉涂抹于流胶处，一发现有流胶就涂粉。阴雨天防治效果好，因为胶液黏度变大，更易沾上生石灰粉。

桃缩叶病

桃缩叶病是桃树重要病害之一。

◆ 发病症状

病菌主要为害叶片，也侵染嫩梢、花、果。发病叶片春季从芽鳞抽出时呈波纹状皱缩卷曲，颜色由绿色变为黄色或紫红色。严重时全株叶片变形，病叶逐渐干枯、脱落。春末夏初，叶片正面出现一层灰白色粉层。幼果发病，初期长出黄色或红色斑点，长大后逐渐变为褐色，甚至龟裂，早落。

◆ 病原及发生规律

病原为外囊菌，属真菌。桃缩叶病的发生与早春气候条件关系密切，低温高湿有利发病。一般4月上旬开始发病，4月下旬~5月上旬为发病盛期，6月气温升高，发病渐趋停止。早熟品种发病较重，中、晚熟品种较轻。

桃缩叶病叶片致皱缩扭曲

桃缩叶病致果实畸形症状

◆ 防治方法

1. 发病初期，在病叶未形成白色粉状物之前，及时摘除病叶，剪除被害枝条，并集中销毁，减少当年菌源。

2. 对发病较重的桃树，加强培育管理，增施肥料，促使树势恢复。桃树落叶后喷3%硫酸铜溶液，杀死芽上越夏、越冬的孢子，减少第2年侵染来源。

3. 早春桃芽开始膨大到花瓣露红未展开时，可喷1次3~5波美度石硫合剂或1:1:100波尔多液。

桃红颈天牛

属鞘翅目，天牛科。主要为害桃树、樱花、梅花等树木。

◆ 形态特征及危害

成虫体黑色发亮，有两种色型：一种是身体黑色发亮和前胸棕红色的“红颈型”，另一种是全体黑色发亮的“黑颈型”。老熟幼虫乳白色，蛹黄褐色。幼虫3~4月开始蛀食为害，在皮层下和木质部钻出不规则蛀道，并向蛀孔外排出大量红褐色粪便碎屑。5~6月为害最重。

桃红颈天牛成虫

桃红颈天牛幼虫

◆ 发生规律

2~3年发生1代。以幼龄幼虫（第1年）和老熟幼虫（第2年）越冬。幼虫期历时约1年又11个月。6~7月，成虫羽化后咬孔钻出，交配产卵于树基部和主枝枝杈粗皮缝隙内。

◆ 防治方法

1. 在成虫发生前，把桃树主枝涂白，可阻止成虫产卵。第1次在秋季落叶后、土壤冻结前进行，第2次在4~5月成虫羽化前进行。生石灰、硫磺、水按10:1:40的比例配制涂白剂，也可用当年石硫合剂的沉淀物涂刷枝干。

2. 桃树萌芽前，可在根部均匀撒施噻虫胺，然后浇透水，药剂可到达树体各个部位，有效控制虫害。

3. 6~7月利用中午到下午3时前成虫有静息枝条的习性，组织人力捕捉。9月和春季检查枝干，发现有红褐色虫粪，用小刀划开树皮将幼虫挖出杀死。

4. 保护和利用管氏肿腿蜂、花绒寄甲、白僵菌、线虫等天敌。

桃蚜

又名桃赤蚜、烟蚜，属同翅目，蚜科。主要为害桃树、红叶李、梅花、樱花、郁金香等。

◆ 形态特征及危害

有翅胎生雌蚜头胸部黑色。无翅胎生雌蚜体赤褐色或黄绿色，高温时多为黄绿色，低温时多为赤褐色。若虫近似无翅胎生雌蚜，淡绿或淡红色。早春2~3月桃树萌芽，越冬卵孵化后，先群集在嫩芽上为害，开花展叶后为害花及叶。

桃蚜

桃蚜于叶背刺吸

◆ 发生规律

1年发生20多代。主要在桃树芽腋、缝隙等处产卵越冬，也以成虫、若虫、卵在其他二年生植物叶芯、叶背越冬。4~5月是为害盛期。5~6月产生有翅蚜，迁飞到十字花科、禾本科等植物上刺吸为害。

食蚜蝇

草蛉卵

◆ **防治方法**

1. 桃蚜对黄色有正趋性，对银灰色有负趋性。可利用银膜避蚜，黄板诱蚜。

2. 药剂防治：第1次在春季桃芽萌动后开花前、越冬卵孵化时进行；第2次在落花后、桃蚜大量繁殖、有翅蚜迁飞扩散前进行；第3次在秋季10月桃蚜迁回桃树产卵时进行。

3. 桃蚜天敌种类多，可保护和利用瓢虫、食蚜蝇、草蛉、寄生蜂等。

桃叶蝉

又名桃小绿叶蝉、桃一点斑叶蝉，俗名浮尘子，属半翅目，叶蝉科。主要为害桃树、樱桃、李树、杏树、月季、桂花、梅花等。

◆ **形态特征及危害**

成虫全体黄绿色或暗绿色，头顶端外围有一白色晕圈的小黑点，故又名桃一点斑叶蝉。老龄若虫全体绿色。春季桃树萌芽时，成虫、若虫开始上树，刺吸嫩叶、花萼和花瓣汁液等为害，形成半透明斑点，落花后，集中叶背刺吸为害。受害叶片出现许多灰白色斑点，严重时全树叶片苍白，提早脱落，树势衰弱。

桃叶蝉成虫、若虫

桃叶蝉为害状

◆ 发生规律

1年发生3～6代，以成虫在落叶、杂草、石缝、树皮缝内越冬。7~9月是为害盛期，世代重叠。成虫在叶片主脉组织内产卵，每头雌成虫可产卵40～160粒左右。若虫喜欢群居在叶背刺吸为害，受惊时横行爬动或跳跃。

◆ 防治方法

1. 秋冬季和早春成虫出蛰前，彻底清除落叶及周围杂草，剪除被害枝并销毁，减少越冬虫源。

2. 成虫发生初期，用黑光灯或普通灯光诱杀。

3. 发生量大时，建议使用药剂防治。掌握3个关键时期：3月越冬成虫迁入期、5月中下旬第1代若虫孵化盛期、7月中下旬第2代若虫盛发期。

桃白蚧

又名桑白蚧、梅白蚧，属半翅目，盾蚧科。主要为害桃树、木芙蓉、山茶、樱花等。

◆ 形态特征及危害

雌成虫宽扁，介壳扁圆形，有螺旋纹略隆起，为灰白或灰褐色，卵椭圆形，初产为淡粉红色，渐变为淡黄褐色，孵化前为橘红色。初孵若虫淡黄褐色，扁卵圆形。若虫和雌成虫群集于枝干上固定吸食汁液为害，严重时成群密集重叠成片，形成灰白色蜡质物。雌成虫以口针插入树皮下，固定一处不动越冬。早春树液流动后越冬成虫开始吸食汁液，体内卵粒逐渐形成，产卵于介壳内。枝干被害部表面凹凸不平。

桃白蚧为害状

◆ 发生规律

1年发生2~3代，以雌虫固定枝干越冬。翌年4月底~5月初为产卵盛期，5月中旬为第1代卵孵化盛期，6~8月为第2代卵孵化盛期，8~9月发生第3代。

◆ 防治方法

1. 用钢丝刷刷除虫体，剪除被害枝并销毁。

2. 桃白蚧天敌较多，有桑白蚧蚜小蜂、双带花角蚜小蜂、香草蛉、二星瓢虫、红点唇瓢虫、日本方头甲等，可利用天敌防治。

3. 在桃树休眠期，喷3波美度石硫合剂。第1、2代卵孵化盛期及雄虫羽化盛期使用药剂防治，可用25%噻嗪酮、99%SK矿物油（绿颖）等药剂，间隔6~10天喷1次。

朱砂叶螨

又名棉红蜘蛛、棉叶螨，俗称大蜘蛛、大龙等。属蛛形纲，叶螨属。寄生广泛，主要为害桃树、香樟、萱草等。

◆ 形态特征及危害

成螨呈梨形，体色变化大，多为红色或暗红色。雌成螨深红色，体两侧有黑斑。雄成螨腹末稍尖，体色较雌浅。幼螨淡黄色，取食后体色变暗绿色。

若螨、成螨群聚于叶背吸取汁液为害，初期叶面上呈褪绿小点，后期叶片呈灰白色，并出现丝网。为害严重时，全叶枯黄似火烧状，会引发早落叶，甚至引起树木早衰。

朱砂叶螨为害桃叶状

◆ 发生规律

1年发生10~20代。以卵在树皮缝、地面土缝和杂草基部等越冬。3月初越冬卵开始孵化。3～4月先在杂草或其他为害对象上取食，4月下旬～5月上中旬迁入，先点片发生，后扩散。6月中旬～8月中下旬是盛发期。

朱砂叶螨为害萱草状

适宜朱砂叶螨生长发育的温度范围为10℃～36℃，最适温度为24℃～30℃，相对湿度35%～55%。喜高温干旱，暴雨对其有一定抑制作用。

◆ **防治方法**

1. 早春翻地，铲除周围地面杂草，清除残株败叶，减少虫源。天气干旱时，合理灌溉，增加湿度，创造不利于其发育繁殖的环境。

2. 保护和利用中华草蛉、食螨瓢虫和捕食螨类等天敌。

3. 在越冬卵孵化前作刮树皮集中处理，刮皮后在树干涂白石灰水，杀越冬卵。

4. 4月下旬成螨上树为害前，在树干上涂闭合粘胶环，环宽约1cm，2个月左右再涂一次。4~5月发生期可使用药剂防治，每隔7~10天喷药1次，连续喷2~3次，重点喷中下部叶背面。

六、梅花

梅花常见病虫害有穿孔病、蚜虫、叶蝉等。

褐斑穿孔病

褐斑穿孔病除为害梅花外，还侵害桃树、李树、杏树、樱桃等核果类树种。

◆ 发病症状

病菌主要侵害叶片、枝梢和果实。发病叶片产生近圆形病斑，外围呈红褐色。潮湿时病斑上长出灰褐色霉状物。后期形成穿孔，叶片干枯脱落，严重影响树势。

梅花褐斑穿孔病症状

◆ 病原及发生规律

病原为假尾孢属核果假尾孢菌真菌。病菌主要以菌丝体和分生孢子在病叶中越冬，菌丝体也可在枝梢病部内越冬。翌年春天，随着气温回升和降雨，形成分生孢子，借风雨传播，侵染叶片、新枝和果实。低温多雨有利于病害发生。

梅花褐斑穿孔病后期症状

◆ 防治方法

1. 冬季结合修剪，彻底清除枯枝、落叶、落果，并集中销毁，减少菌源。

2. 注意排水，合理修剪，通风透光。避免偏施氮肥，增施有机肥料，使树木生长健壮，提高抗病力。

3. 梅花发芽前，喷4~5波美度石硫合剂或比例为1:1:100的波尔多液。5~6月叶片发病严重时，可用药剂防治。

七、榆树

榆树的主要病虫害有秋四脉棉蚜等。

秋四脉棉蚜

又名榆瘿蚜、高粱根蚜，属半翅目，瘿棉蚜科。以榆树作为第一寄主，以禾本科植物作为第二寄主。

◆ 形态特征及危害

3~4月，榆树抽发新梢嫩叶时，越冬卵孵化为无翅干母若蚜，黄绿色。有翅胎生孤雌迁移蚜头胸部黑色，腹部灰褐色。孵化后的无翅干母若蚜爬到当年新萌发的榆树嫩叶背面，固定刺吸汁液为害。叶组织受到刺激，叶面逐渐向上凸起。4月中下旬~5月上旬，被害叶正面会形成竖立在叶面上、基部有柄、枣核状突出囊状的红色虫瘿。一般1头蚜虫形成一个虫瘿，一张叶片上多可形成10多个虫瘿，叶虫瘿率甚至可高达100%，严重影响榆树的正常生长发育。

初期绿色虫瘿

后期红色虫瘿

◆ 发生规律

1年发生10多代，以卵在背风向阳的4年生以上榆树枝干、树皮裂缝等处越冬，也有部分胎生孤雌迁移蚜在芦苇等禾本科植物根部越冬。翌年春天，越冬卵孵化后潜伏在虫瘿中刺吸为害。5月中下旬~6月上旬产生有翅迁移蚜，迁往第二寄主禾本科植物和杂草根部刺吸为害。9月中下旬~10月中下旬，有翅迁移蚜回迁到榆树上，产生雌、雄性蚜，交配产卵越冬。

◆ 防治方法

1. 秋冬季和早春，在榆树缝隙等处搜捕清除越冬卵。发生量少时，于初夏虫瘿未破裂前人工剪除虫瘿叶。

2. 早春榆树发芽前及越冬卵孵化未形成虫瘿前，喷3~4波美度石硫合剂，杀死越冬卵。

3. 清除榆树周围的第二寄主禾本科杂草，减少越冬基数。

4. 保护和利用瓢虫、草蛉、食蚜蝇等天敌。

八、朴树

朴树的主要病虫害有朴树棉蚜等。

朴树棉蚜

又名朴绵斑蚜、朴绵叶蚜，属半翅目，斑蚜科。主要为害朴树、大叶朴、小叶朴、沙朴、珊瑚朴、山楂等。

◆ 形态特征及危害

无翅孤雌蚜，绿色，体表有棉絮状白色蜡粉和蜡丝覆盖。有翅孤雌蚜，为黄绿色或淡绿色，体表有白色蜡丝覆盖。若虫体形较小。成虫、若虫群集叶背刺吸树叶、嫩枝汁液为害。为害时分泌大量蜜露，诱发煤污病。

朴树棉蚜成虫

朴树棉蚜白色棉絮状蜡粉

◆ 发生规律

1年发生10多代，以卵在朴树越冬芽、枝条绒毛等处越冬。翌年3~4月朴树新芽萌发，卵孵化，开始在叶背和叶脉附近为害，孤雌蚜生殖多代。5月下旬~6月上旬为为害盛期，为害持续至7月。5月中旬左右产生有翅蚜，体被蜡絮，飞舞时纷纷飘落。夏季高温时虫口密度下降，秋季再次上升。10月下旬，产生有性蚜，成熟后交配产卵越冬。

天敌瓢虫卵及孵化的幼虫

◆ 防治方法

1. 保护和利用异色瓢虫、草蛉、食蚜蝇和蚜茧蜂等天敌。
2. 结合修剪，剪除有虫卵枝条，悬挂黄色粘虫板诱杀有翅蚜。
3. 秋季产卵时集中防治，可在越冬卵孵化高峰期用药剂防治。

九、银杏

银杏的主要病虫害有叶斑病、日灼病等。

叶斑病

又称轮纹病，是银杏主要病害之一。

◆ 发病症状

发生于叶片周缘，逐渐发展成扇形或楔形褐色病斑，后成灰褐色，病健交界处有鲜明的黄色带。发病后期，叶片正面产生散生黑色小点，为病菌分生孢子盘。阴雨潮湿时，小黑点处出现黑色带状或角状黏块，为分生孢子。

叶斑病症状

◆ 病原及发生规律

病原为盘多毛孢属银杏多毛孢菌。病菌以菌丝体及其子实体在病叶上越冬。分生孢子借风雨或昆虫传播。7~8月前后开始发病，秋季发病加重。夏季高温干燥和暴晒，病害发生严重。以衰弱树和树叶伤处发病较多，特别是从虫伤处侵染。严重时会引起银杏提前落叶。

银杏叶斑病全叶症状

◆ 防治方法

1. 及时收集病叶，并集中销毁，减少侵染来源。

2. 增强树势，提高抗病能力。

3. 改善立地条件，提供良好的排灌系统，注意基肥施用，以有机肥为主，氮、磷、钾平衡施用，避免高氮肥。

十、杉树

杉树的主要病害有叶枯病、赤枯病等。

叶枯病

又称落叶病、落针病，是杉树的重要病害，主要分布于我国长江以南杉树生长区，为害松木、水杉、柳杉等。

◆ 发病症状

多发生在杉树树冠中下部的针叶上，向顶梢方向蔓延。为害老叶多、新叶少。感病叶春夏季出现黄斑，并逐渐加深，扩展全叶，秋季呈枯黄色，病叶上产生黑色小点，即病菌的分生孢子器。翌年3月中上旬，病叶上形成漆黑色有光泽的小颗粒，中央有纵裂缝，为病菌子囊盘。病叶一般不脱落。

柳杉叶枯病中期症状

柳杉叶枯病后期症状

◆ 病原及发生规律

病原为散斑壳属云杉散斑壳菌真菌。病菌以菌丝体或子囊盘在病叶中越冬。翌年春末夏初，子囊孢子成熟释放，利用风雨传播，侵染针叶为害。林地水肥条件差，抚育管理粗放，中年林或郁闭度大的林分，下部枝叶通风透光不良，杉木生长衰弱，容易感病。

◆ 防治方法

1. 因地制宜种植抗病树种。

2. 加强养护管理，使幼林生长旺盛，增强抗病力。

3. 严格控制种植密度，林木郁闭时及时间伐，清除林内的病枯枝叶，防止杉木生长衰老，减少病菌蔓延。

赤枯病

是杉树的一种重要病害，为害柳杉、水杉等。

◆ 发病症状

柳杉赤枯病主要为害1~4年生幼树。一般下部先发病，逐渐发展蔓延到上部枝叶。斑点初为褐色，扩大后呈暗褐色，使树木局部枝条或全株呈暗褐色直至枯死。潮湿条件下，病斑产生许多黑色小霉点，是病菌的子座及着生在上面的分生孢子梗和分生孢子。

水杉赤枯病叶部症状

◆ 病原及发生规律

病原为尾孢属针枯尾孢菌真菌。病菌以菌丝体和分生孢子在被害针叶组织内越冬。翌年4~5月产生分生孢子，利用风雨传播，萌发后从气孔侵入，为初侵染。一个生长季内，分生孢子多次重复侵染。

树木过密，通风透光差，湿度大，施氮肥偏多，则发病重。高温多雨有利于病害大发生，春夏降雨时间长，台风暴雨、梅雨季节常形成发病高峰，秋季9月下雨形成第2次高峰。

◆ 防治方法

1. 冬春深翻土把病株枝叶埋入土中，彻底清除和销毁病株。

2. 合理密植，加强通风透光，增施磷钾肥，少施氮肥，增强树势，提高抗病能力。

3. 发病期用0.5∶0.5∶100的波尔多液等药剂防治，2~3周1次，共2~3次。

十一、松树

松树的主要病虫害有枝枯病、松毛虫、蚜虫等。

枝枯病

又名松干枯病、松烂皮病。为害赤松、黑松及油松等。

◆ 发病症状

枝枯病主要发生在2~10年生的松枝条和树干上，主要为害皮层部分。主要症状为顶芽枯死、枯叶、枯梢、丛枝、根腐、软枝、生长不良等。发病时，针叶先变为黄绿色或灰绿色，再逐渐变为红褐色。被害枝干因失水，树皮收缩起皱，针叶逐渐脱落，后期树皮开裂，出现流脂现象。

枝枯病中期症状

枝枯病后期症状

◆ 病原及发生规律

病原为盘菌属铁锈薄盘菌真菌。病菌于秋季侵染松树后，以菌丝在树皮内越冬。次年3月被害枝干针叶开始显现枯萎症状，4月中旬前后，病枝干皮下生出子囊盘，5月下旬~6月上旬子囊盘成熟。7月中旬~8月中旬，子囊孢子借风力传播，从伤口侵入皮层组织中，越冬后翌年春再现症状。

高温高湿、冻害、土壤微量元素（如硼）缺乏等都会导致松树生长衰弱、抗逆能力低，易被侵染，轻者枝条枯死，重者全株死亡。

◆ 防治方法

1. 加强养护管理，增施有机肥，松土培土等，增强树势。

2. 及时伐除重病树，剪除病枯枝，并集中销毁。

3. 及时防治为害松树的害虫，如松大蚜、松梢螟、松毛虫等，达到减少伤口、杜绝病菌侵染途径的目的。

4. 每年3月下旬~4月中旬、7月下旬~8月下旬，喷比例为2∶2∶100的波尔多液，10~15天喷1次，连喷2~3次。

马尾松毛虫

属鳞翅目，枯叶蛾科。主要为害马尾松，也为害湿地松、火炬松等。

◆ 形态特征及危害

成虫体色变化大，有灰白、灰褐、茶褐等色。雌虫触角呈短栉齿状，卵成串或成堆产在松针上。老熟幼虫棕红色或灰黑色，有倒伏鳞毛贴体，鳞毛有银白色和银黄色两种。茧长椭圆形，为灰白色或乌褐色，表面覆有稀疏黑褐色毒毛。

马尾松毛虫幼虫

马尾松毛虫成虫

幼虫取食松树针叶为害，大发生时能在短时间内吃光大面积松针，状如火烧，造成成片松林死亡。幼虫具毒毛，毒毛触及人体，容易引起人的皮肤红肿、糜烂和关节肿痛，即“松毛虫病”。

◆ **发生规律**

1年发生3～4代。以3～4龄幼虫在针叶丛中、树皮缝下、地面枯枝落叶层中越冬。4月中下旬越冬幼虫结茧化蛹，5月中下旬第1代幼虫孵化开始为害，7月下旬第2代幼虫开始为害。9月上旬一部分第2代幼虫结茧化蛹，9月下旬～10月上旬第3代幼虫结茧化蛹，并于11月中旬越冬。

◆ **防治方法**

1. 选种抗虫树种，如火炬松。营造混交林，培养多样性生物群落。

2. 马尾松毛虫是间歇性猖獗的害虫，做好虫口数量变化监测、掌握虫情是及时控制虫灾的前提。

3. 人工摘卵、捕幼虫、剪除虫茧，清除越冬幼虫及蛹。可利用性信息素诱捕雄蛾，成虫羽化期使用黑光灯诱杀成虫。

4. 幼虫越冬前11月中下旬和越冬后2～3月施放白僵菌。也可利用天敌赤眼蜂防治松毛虫。

5. 药剂防治，主攻越冬代出蜇幼虫和第1、2代幼虫。越冬代防治适期在幼虫出蜇盛期后5～10天，第1、2代防治适期在3龄幼虫高峰期。

十二、柏树

柏树的主要病虫害有锈病、叶枯病等。

锈病

绿化植物中一类特征明显的病害，因能形成红褐色或黄褐色等颜色深浅不同的铁锈状孢子堆而得名。又称赤星病、羊胡子。主要为害桧柏、欧洲刺柏、塔柏、圆柏、龙柏和翠柏等柏科植物，也可转主为害梨、海棠、木瓜等。

◆ 发病症状

主要为害幼叶和新梢，严重时也为害果柄和幼果。叶片受害，最初在叶正面出现橙黄色小斑点，扩大后病斑上形成黑色性孢子器。叶背隆起形成灰黄色毛状锈孢子器，其中含有大量锈孢子。病斑变黑使叶片枯死。

病害1年发生1次，锈孢子只能侵害转主寄主柏树的嫩叶和新梢，不会再侵染其他部位，最大有效传播距离为2.5~5km。

桧柏上的菌瘿

叶正面黑色小点粒为性孢子器

◆ 病原及发生规律

病原为胶锈菌属梨胶锈菌。病菌以多年生菌丝体在柏类植物等转主寄主病组织中越冬，翌年春天2～3月形成冬孢子角。冬孢子成熟后，吸水膨胀萌发产生担孢子，风雨传播，侵染海棠、梨、木瓜等蔷薇科植物幼叶、新梢、幼果，4～5月为发病高峰。8～9月形成锈孢子，借风传播到柏树枝叶上。

叶背面长毛状物为锈孢子腔、锈孢子

◆ 防治方法

1. 绿化设计及定植时，避免海棠、梨、木瓜等与柏树混栽。两类寄主植物越远越好，至少5km以外。

2. 3月中上旬柏树萌发前和春雨前，剪除柏树上的冬孢子角。

3. 3～4月柏树上喷2～3波美度石硫合剂或比例为1:2:160～200石灰倍量式波尔多液等药剂。

叶枯病

柏树类主要病害之一，可为害侧柏、刺柏等。

◆ 发病症状

病菌主要侵染当年生新叶和绿色嫩枝，翌年3月受害鳞叶会迅速枯萎，潜伏期长达250多天。受害鳞叶多由前端逐渐向下枯黄，或从中部、茎部开始失绿，并向全叶发展。严重时大片树叶凋枯，树冠似火烧状，病叶大批脱落，枝条枯死。树势严重衰弱，易招致次生害虫小蠹虫和天牛进行为害，加速树木死亡。

刺柏叶枯病中期症状

刺柏叶枯病后期症状

◆ **病原及发生规律**

病原为绿核胶杯菌属柏树绿胶杯菌。病菌以菌丝体在病枝条、被害叶中越冬，4~5月为发病期，7~9月为盛发期。6月在枯死叶上形成子囊盘，吸水膨胀释放出子囊孢子，进行新的侵染，1年只侵染1次。柏树绿胶杯菌是一种寄生性不强的盘菌，柏树生长势衰弱有利于病菌侵染和发展。病害发生与6月气温和降雨量呈正相关，6月高温、降雨量大，冬季寒冷干燥，次年病情严重。

◆ **防治方法**

1. 改善柏树生长环境，适度修枝和间伐，保持通风透光。

2. 加强肥水管理，灌足底水，增施有机肥和磷钾肥，促进柏树生长，增强树势，提高抗病性。

3. 清除枯枝落叶，特别是树冠上残留的病枯枝，减少侵染来源。

4. 发病初期，及时喷药防治。

十三、樱花

樱花主要病虫害有褐斑穿孔病、根癌病、梨网蝽、桑天牛等。

褐斑穿孔病

樱花叶部的一种重要病害，发生普遍。也为害樱桃、梅树、桃树等核果类树。

◆ 发病症状

病菌主要为害樱花叶片，也侵染嫩梢。发病初期，叶片正面出现针尖大小的紫褐色斑点，后逐渐扩大成灰白色病斑，边缘呈紫褐色。病菌刺激寄主产生离层使病斑脱落呈穿孔状。后期着生小霉点，即病菌的分生孢子及分生孢子梗。

樱花褐斑穿孔病症状

樱花褐斑穿孔病致全株叶片提早枯黄

◆ 病原及发生规律

病原为尾孢属核果尾孢菌。病菌以菌丝体在枝梢病部，或者以子囊壳在病落叶上越冬，分生孢子借风雨传播，从气孔侵入。通常老叶先病，或树冠下部先发病，逐渐向树冠上部扩展。每年6月左右开始发病，8~9月严重，

10月上旬病斑上有子囊壳形成。大风、多雨的年份发病严重，树势衰弱则发病严重。东京樱花和日本晚樱等树种抗病性弱。

◆ 防治方法

1. 樱花褐斑穿孔病菌还侵害桃树、李树、杏树等核果类树，应尽量避免与这些果树混栽。

2. 从健康无病的植株上取条，扦插繁殖无病苗木。育苗床要远离发病的苗圃。加强检疫，避免从重病区引入苗木。

3. 发生严重时，使用药剂防治。7~10天喷1次药，连续喷3~4次。

根癌病

樱花栽植过程中的常见病害，多发生于偏碱土壤。主要为害樱花、月季、玫瑰、银杏、石竹、桃树等植物。

◆ 发病症状

多发生在表土下根茎部、主根与侧根连接处或接穗与砧木的愈合处。肿瘤为不规则圆球，发病初期为白色，质地柔软，表面光滑。随着病情加重，肿瘤逐渐变成深褐色，质地变硬，表面凹凸不平。

樱花根癌病症状

◆ 病原及发生规律

病原为土壤杆菌属根癌土壤杆菌。以病原菌在癌瘤组织皮层内或土壤中越冬，通过雨水、灌溉水及远距离带菌苗木、人为因素等方式传播，从伤口侵入。

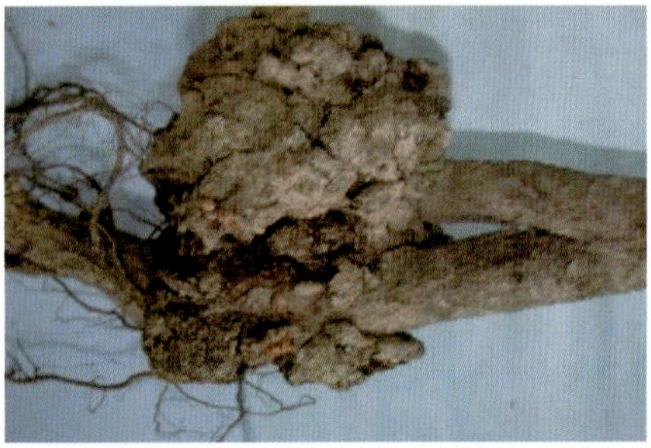

樱花根癌病肿瘤

一般从5月开始发病，发病温度范围10℃~34℃，最适温度22℃，

6~8月是发病高峰期。土壤酸碱度pH值在5.6~8.0范围内易致病，在偏碱黏重的连作地，湿度越高，发病越重。从最初感染到整株死亡大约需3~5年。

◆ 防治方法

1. 苗木引进时，选择无病苗木，就地销毁带病苗木。

2. 发生过樱花根癌病的地块，需将病树、病根彻底挖除烧毁，更新树种，3年内不可再种樱花。

3. 于秋末冬初或早春樱花休眠时将病树挖起，割净根瘤，用500~1000ppm的土霉素涂抹伤口，后移栽到立地条件较好的无病区进行精细管理。

4. 将患病樱花植株根部土壤扒开，用消过毒的工具切除病瘤，晾干伤口，用5%农用链霉素可湿性粉剂500倍液进行灌根，然后覆土。雨季到来前，用300~400倍杀菌剂浇灌发病区，每隔10天浇1次，连浇3次。

5. 栽植时用硫酸亚铁混合土壤，改变土壤酸度。移植苗木前，发现病株，及时用小刀将根瘤切除，然后用1%升汞溶液或抗菌剂处理伤口，并涂抹波尔多液保护，切下的根瘤集中销毁。病株周围土壤每平方米撒入硫磺粉50~100g进行消毒。

梨网蝽

又名梨冠网蝽、梨军配虫，属半翅目，网蝽科。主要为害樱花、苹果树、梨树、桃树、李树、山楂等树的叶片。

◆ 形态特征及危害

成虫初羽化时乳白色，渐变黑褐色，扁平长方形。前胸两侧呈扇形扩展成翼片状，密布黑褐色网状花纹。两翅合拢时形成“X”状纹。卵长圆筒形，初产时淡绿色，渐变为乳黄白色。若虫共5龄，初孵若虫乳白色，渐变淡绿色。2龄时腹部黑色，身体两侧有若干刺状突起。

成虫、若虫群食叶背主脉附近，被害处叶面呈现黄白色斑点，随着为害的加重斑点扩大，全叶苍白。叶背面有黑褐色带黏性分泌物和粪便，会诱发煤污病，降低叶片光合能力，导致叶片干枯，提早脱落。

梨网蝽若虫

梨网蝽成虫

梨网蝽为害状（叶背面）

梨网蝽为害状（叶正面）

◆ 发生规律

1年发生4~5代，以成虫在枯枝落叶、杂草、树皮裂缝及土、石缝隙中越冬。4月上中旬越冬成虫开始活动。1年中以7~8月为害最重，9月虫口密度最高。成虫产卵于叶背面叶肉内，上附有黄褐色胶状物，卵期15天左右。初孵若虫多数群集在主脉两侧为害。若虫脱皮5次，半个月左右变为成虫。第1代成虫6月初发生，以后各代分别在7月下旬、8月初、8月底、9月初发生，为害至10月中下旬以后，成虫寻找适当场所越冬。

◆ 防治方法

1. 秋冬季节清扫落叶，清除杂草，刮除老树皮，落叶后进行1次翻耕，清除越冬成虫。越冬成虫出蛰时，人工摘除树冠下部有虫叶片。

2. 使用药剂防治梨网蝽须掌握两个关键期：一是越冬成虫出蛰至第1代若虫发生期，成虫产卵之前，清除越冬成虫，重点喷树冠中下部，以减少春季虫口密度；二是夏季大发生前，在若虫最多而卵和成虫最少时进行，即花谢后，第1代卵孵化基本结束时，或6~8月大发生前。

桑天牛

主要为害樱花、杨树、柳树、榆树、枇杷、海棠等。

◆ 形态特征及危害

成虫虫体与鞘翅呈褐色，密被黄褐色绒毛，鞘翅基部密布黑色光亮的瘤状颗粒。幼虫乳白色，背板后半部密生棕色颗粒小点。中央有3对尖叶状凹皱纹。

3~4月蛀道内越冬幼虫开始活动，初孵幼虫蛀入木质部，逐渐深入髓部将枝干蛀空。隔一定距离初孵幼虫向外蛀一孔洞排出粪便，严重时枝条、树干枯死。

桑天牛成虫

桑天牛幼虫蛀空的树木

◆ 发生规律

2年发生1代，以1、2年未成熟幼虫在树干蛀道内越冬。成虫于6~7月羽化，啃食嫩树皮。产卵时，成虫先将皮层刺破，形成“U”形伤口，在其中产卵。

◆ 防治方法

1. 卵未孵化前若发现产卵伤口，需连同树皮一起刮除，并涂抹保护剂，也可用铁丝伸入蛀道勾杀幼虫。或用药棉沾药塞入虫孔，防治大龄幼虫。

2. 若发现树枝上有新鲜虫粪,则在最后一个排粪孔中注入药剂防治幼虫。

3. 5月中上旬，巡查绿化植物和周围寄主成虫发生情况，可用木棍敲打树木，震落成虫并捕杀。

4. 树干上挂心腐木或挖空巢木招引啄木鸟，也可于天牛幼虫期释放管氏肿腿蜂的成虫，或利用花绒寄甲等天敌。

十四、槭树

槭树的主要病虫害有日灼病等。

日灼病

是由于长时间持续高温干旱，造成植物体缺水而引起的一种生理性病害。主要为害红枫、三角槭、鸡爪槭、山茶、茶梅、八角金盘、洒金桃叶珊瑚、杜鹃、玉簪、鸢尾、苏铁、含笑花、绣球、女贞、合欢、常春藤等。

◆ 发病症状

初期叶片因失水而先受到灼伤，出现萎蔫，叶尖色变白、卷曲或下垂呈焦叶状。中期枝干抽筋，皮层干枯开裂，叶片灼伤面积逐步扩人，枝条失水变色出现黄黑斑，影响植物营养向上传送。后期树干、树皮脱落，木质部裸露，枝条干枯，叶片大面积灼伤，甚至落叶，容易诱发其他病虫害，严重时停止生长，全株枯死。

鸡爪槭日灼病中期症状

◆ 发生规律

一般发生在夏季，由于盛夏光照强烈，外界气温高，植物在长时间高温强光照射下，水分蒸腾作用大，表皮细胞死亡，植物茎、叶等组织产生灼伤，从而发生日灼病。

鸡爪槭日灼病后期症状

◆ **防治方法**

1. 盛夏季节(7~9月),高温干旱时,需及时灌水,可采取人工喷水等措施。

2. 用0.5kg生石灰粉末,加水2.5~3.0kg,配制成石灰乳,将树干受强光暴晒的一面涂白。高温时涂白的树皮比未涂白的树皮温度可低5~8℃,能避免灼伤。

3. 加强水肥管理,及时灌排水,注意氮、磷、钾和有机肥均衡供应,保持通风透光,促成植株生长健壮,增强植株抗热性。

4. 已发生日灼病灼伤坏死的枝叶,需及早剪去。

5. 喷洒0.1%硫酸铜溶液,增加植株抗热性。也可在植物向阳面树冠中上部喷洒1%石灰水,使其形成一层白膜,反射强光。

十五、海棠

海棠的主要病虫害有褐斑病、锈病等。

垂丝海棠褐斑病

是垂丝海棠的常见病害，也是导致垂丝海棠提早落叶的主要原因，在垂丝海棠整个生育期均可发生。

◆ 发病症状

主要为害海棠叶片。病斑初为褐色斑点，边缘不清晰，扩展后呈灰褐色，内暗褐色，边缘呈细微放射状。后期干枯，产生黑色粒状物，叶片提早脱落。

垂丝海棠褐斑病症状

垂丝海棠褐斑病致叶片提早脱落，树枝光秃

◆ 病原及发生规律

病原为叶点霉菌。病菌以菌丝体、分生孢子器、分生孢子在寄主植物病残体上越冬。分生孢子借风、雨和浇水传播。春季发病，8~10月发病重，叶片提早枯黄脱落。

◆ **防治方法**

1. 不宜在背风向阴地块栽植，注意栽培密度。

2. 及时摘除、销毁病叶。

3. 冬季落叶后至早春发芽前喷一次45%晶体石硫合剂30倍液或2~3波美度石硫合剂等量式波尔多液，能有效减少越冬病菌。发病初期连用2~3次，间隔7~10天。

锈病

海棠的常见病害寄主为桧柏、龙柏、欧洲刺柏等柏类植物，转主寄主为木瓜海棠、贴梗海棠、木瓜、梨等蔷薇科植物。

发病症状

在海棠与柏树混栽的绿地发病严重。春夏季主要为害贴梗海棠、木瓜海棠、梨等叶片、叶柄、新梢、嫩枝、果实。叶片染病，初期叶正面出现黄绿色小点，后渐扩大成橙黄色油状斑，病斑上出现轮状的黑色小粒点，即性孢子器。1个月后叶背面病斑突起，产生灰色或灰褐色毛状物，即锈孢子器（俗称羊胡子），破裂后散出褐色锈孢子。该病使海棠叶片布满病斑，严重时叶片枯黄脱落。

海棠锈病叶正面性孢子器

海棠锈病叶背面锈孢子器

秋冬季病菌转主寄主柏树，在柏针叶或小枝上形成大小不等的瘤状物，即冬孢子角，或称菌瘿。翌年春天，3~4月遇雨破裂，菌瘿吸水膨胀成橘黄色的胶状物，犹如针叶树开“花”，呈木耳状。受害严重的柏树小枝上菌瘿成串，造成柏叶枯黄，小枝干枯，甚至整株死亡。

桧柏上的冬孢子角

吸水萌发的冬孢子角

◆ 病原及发生规律

病原为胶锈菌属山田胶锈菌和梨胶锈菌。病菌以多年生菌丝体在柏树针叶、小枝及主干上部组织中越冬，可存活多年。翌年春天3~4月，遇充足雨水，冬孢子角胶化萌发产生担孢子，担孢子随风雨传播，侵染刚萌发的海棠嫩叶、叶柄、嫩枝、果实，并蔓延。8~9月锈孢子成熟后，借风雨传播到柏树上，侵入新梢越冬，没有再侵染。该病菌需要转主寄主才能完成其生活史，故海棠与柏树类针叶树混栽就发病严重。

此病发生与春季降水早晚及降水量成正相关，展叶20天以内的幼叶易感病。3~5月雨水多，是病害大发生的主要条件。

◆ 防治方法

1. 种植海棠、木瓜、梨等蔷薇科植物要远离桧柏、圆柏、龙柏、塔柏、刺柏等寄主植物；在3月以前冬孢子堆成熟前剪除柏树上的冬孢子角，减少传染源。

2. 春季冬孢子萌发初期，对柏树等寄主植物喷施3~5波美度石硫合剂或其他药剂，用药2~3次。秋季，锈孢子传播侵染柏树时，再喷施3~5波美度石硫合剂。

3. 发病的海棠园，于萌芽时喷1:1:160~200倍式波尔多液、65%福美锌400倍液、50%退菌特100倍液，连续2~3次，间隔15天左右。或在发病初期，喷20%粉锈宁乳油2000倍液或20%萎锈灵乳液400倍液。

十六、紫薇

紫薇的主要病虫害有白粉病、煤污病、紫薇长斑蚜、紫薇绒蚧等。

白粉病

绿化植物上发生极为普遍的一种真菌性病害，病症明显，在发病部位产生大量分生孢子从而形成一层白色粉层，故名白粉病。紫薇白粉病主要为害紫薇叶片，并且嫩叶比老叶更容易被侵染，也为害枝条、嫩梢、花芽及花蕾。

◆ 发病症状

发病初期，叶片上出现白色小粉斑，扩大后呈圆形或不规则形褪色斑块，上面覆盖一层白色粉状霉层，后期白色粉状霉层变为灰色。花受侵染后，表面被覆白粉层，花穗畸形，失去观赏价值。发病后期，白粉层变黄，最后变为黑色小点粒。发病植株变矮小，嫩叶扭曲、畸形、枯萎，叶片不开展、变小、枯黄早落，枝条畸形，严重时整株死亡。

紫薇白粉病致嫩叶扭曲

紫薇白粉病致花芽及花蕾受侵染

紫薇白粉病嫩梢症状

紫薇白粉病枝条受害状

◆ 病原及发生规律

病原为小钩丝壳属南方小钩丝壳菌。病原菌以菌丝体在病芽、病枝条，或以闭囊壳在病落叶上越冬。翌年春天温度适合时，越冬菌丝开始生长发育，产生大量的分生孢子，并借助气流进行传播和侵染，生长季节会多次再侵染。

病害一般在春季4月开始发生，6月雨季或相对湿度较高的条件下发生严重。偏施氮肥、植株栽植过密或通风、透光不良均易导致发病，7~8月会因为天气燥热而趋缓或停止，秋季9~10月又可能重发。

◆ 防治方法

1. 减少侵染来源，秋季清除病枯枝落叶，并集中销毁。

2. 生长季节及时摘除病芽、病叶和病梢。为害严重时可用药剂防治，注意交替使用药剂。

煤污病

寄主范围很广，常见有紫薇、山茶、米兰、朱槿、木槿、桂花、玉兰、含笑花、苏铁、八角金盘、栀子花、杜鹃等。

◆ 发病症状

主要为害寄主植物的叶片，也为害嫩枝、花器等部位。发病部位黑色“煤烟层”是各种花木煤污病的典型特征。

紫薇煤污病症状

紫薇煤污病后期症状

◆ 病原及发生规律

煤污病常见的病原菌有小煤炱菌属小煤炱菌和煤炱菌属煤炱菌。病菌主要以菌丝体、分生孢子或子囊孢子在病部及病落叶上越冬，成为次年初侵染源。病菌以昆虫分泌物或植物渗出物为营养，或以吸器直接从植物表皮细胞中吸取营养，菌丝和分生孢子由气流、蚜虫、蚧壳虫等传播，进行多次再侵染。

温度适宜，湿度大，通风透光差，栽植过密，环境阴湿，则发病重。蚜虫、蚧壳虫等发生严重，均会加重煤污病的发生。1年中煤污病有3~6月和9~12月两次发生高峰。

◆ 防治方法

1. 对寄主植物进行适度适时修剪、整枝，改善通风透光条件，降低湿度。
2. 及时防治蚜虫、蚧壳虫等，减轻病害发生。
3. 在植物休眠季节喷3~5波美度石硫合剂，杀死越冬病菌。

紫薇长斑蚜

别名紫薇棘尾蚜，属半翅目，斑蚜科。主要为害紫薇。

◆ 形态特征及危害

紫薇长斑蚜雌成虫有多种虫态。有翅孤雌蚜身体为黄色，斑纹为黑色，腹部淡黄色，各节均有1对隆起的黑色肿瘤。无翅孤雌蚜身体为黄绿色，有黑点,复眼橘黄色。有翅胎生雌蚜与无翅胎生雌蚜相似,其背面有黑褐色斑纹。

若虫和成虫群集刺吸嫩叶汁液为害,影响紫薇生长发育。若虫、成虫常布满紫薇幼叶背面,使新梢扭曲,嫩叶卷缩,影响花芽形成,并使花序缩短,甚至无花,同时诱发煤污病,传播病毒,是紫薇花叶病的主要传染媒介。

瓢虫卵产在有蚜虫的地方

紫薇长斑蚜有翅蚜、无翅蚜

◆ 发生规律

1年发生10多代,以卵在芽腋、芽缝及枝杈等处越冬。翌年春天,当紫薇萌发的新梢抽长时,开始出现无翅胎生蚜,至6月虫口不断上升,并随着气温增高而不断产生有翅蚜,有翅蚜迁飞扩散为害。

◆ 防治方法

1. 冬季结合修剪,清除虫枝、过密枝,并集中销毁处理,减少越冬卵。
2. 合理配植,改善植株间小气候。当蚜虫密度过大,天气比较干旱时,适当浇水,减轻蚜虫为害。
3. 用黄色黏虫板诱杀有翅蚜。
4. 保护和利用瓢虫、草蛉、食蚜蝇、蚜茧蜂、蚜小蜂和蚜霉菌等天敌。

紫薇绒蚧

属半翅目,绒蚧科。主要为害紫薇、石榴等花木。

◆ 形态特征及危害

雌成虫卵圆形,紫色,被少量白色蜡粉,体背有少量白蜡丝。产卵时,雌成虫分泌蜡质，形成白色毡绒状囊袋，将虫体和卵包在其中。雄成虫呈紫褐色，前翅半透明，腹末有1对灰色长毛。初孵若虫淡黄色，后渐变成淡紫色。

紫薇绒蚧为害状

以若虫、雌成虫聚集于叶片主脉基部和芽腋、嫩梢、枝干等部位刺吸汁液，造成树势衰弱、生长不良等危害。紫薇绒蚧分泌的蜜露会诱发煤污病，使叶片、小枝呈黑色，失去观赏价值。虫口密度过大，为害严重时，会致使叶片早落，开花不正常，甚至全株枯死。

◆ **发生规律**

1年发生3~4代，以受精雌虫、2龄若虫或卵在枝干的裂缝内越冬。每年6月上旬~7月中旬以及8月中下旬~9月为若虫孵化盛期。第2代紫薇绒蚧卵于7月中旬开始孵化，7月下旬达到孵化盛期，如果7月下旬~8月上旬期间降雨量大、雨势急且阴雨天多，则不利于小若虫取食及生存，从而造成大量死亡。

◆ **防治方法**

1. 防止带虫苗木传入、传播和扩散。

2. 结合冬季整形修剪，清除销毁虫枝。冬季和早春萌芽前，用3~5波美度石硫合剂，杀灭越冬卵和若虫。少量发生时用刷子人工刷除。

3. 保护和利用紫薇绒蚧寄生蜂跳小蜂、姬小蜂，捕食性天敌红点唇瓢虫等。

十七、紫叶李

紫叶李的主要病虫害有蚜虫、褐斑穿孔病等。

褐斑穿孔病

一种真菌病害，以菌丝体在病叶中越冬。

◆ 发病症状

紫叶李褐斑穿孔病症状

发病初期，叶片上出现针头大小的紫褐色小点，后扩展成直径约1~4mm的圆形病斑。病斑中央呈黄白色或褐色，略带轮纹，边缘呈紫色或红紫色，病斑上长有绒状小点。后期病斑脱落形成穿孔，导致紫叶李叶片上出现密集的孔洞，病叶大量提早脱落，严重影响紫叶李正常生长。该病多为害老叶。

◆ 病原及发生规律

病原为尾孢属核果尾孢菌真菌。病菌以菌丝体在病叶、枝梢和落叶中越冬，分生孢子借风雨传播，一般从6月开始发病，8月为高峰期。在多风雨、栽种密集、通风不良等条件下易发病。

◆ 防治方法

1. 秋冬季清除枯枝落叶，并集中销毁，减少传染源。

2. 生长季节合理修剪，剪去内膛枝、病虫枝、瘦弱枝、枯死枝。

3. 春季紫叶李萌芽前，用3~5波美度石硫合剂，对树体消毒，清除和减少越冬菌源。展叶后喷比例为1:1:120倍等量式波尔多液，预防病害发生。

十八、枫杨

枫杨的主要病虫害有白粉病、丛枝病、天牛、草履蚧、日本纽绵蚧等。

草履蚧

又名树虱子、草鞋虫、草鞋蚧，属半翅目，绵蚧科。因雌成虫颇似草鞋，故得名草履蚧。主要为害枫杨、海棠、樱花、紫叶李、香樟、珊瑚树等。

形态特征及危害

成虫雌雄异型，雌成虫背面棕褐色，被一层霜状蜡粉，体扁，沿身体边缘分节较明显，呈草鞋底状。雄成虫体紫色，前翅淡紫黑色，有2条翅脉。卵有白色絮状蜡丝粘裹成卵囊。若虫初孵化时棕黑色，与雌成虫相似。

若虫出土后沿茎干上爬至梢部、芽腋或初展的新叶刺吸叶液为害。严重时导致植株不能发芽，或发芽后幼叶干枯死亡。

草履蚧雌、雄成虫

草履蚧白色絮状蜡丝及粘裹成的卵囊

草履蚧高龄若虫

草履蚧天敌瓢虫成虫和卵

◆ 发生规律

1年发生1代，以卵在被害植株附近的土中越夏、越冬。翌年1月下旬~2月上旬在土中开始孵化，卵孵化期持续1个多月。4~5月为若虫为害盛期。若虫蜕皮，在为害处和树干上留有大量灰白色虫皮，分泌大量白色絮状蜡丝。若虫、成虫虫口密度大时，往往会进行群体迁移，爬满附近墙面和地面。

◆ 防治方法

1. 清理被害树附近的枯枝落叶，铲除其产卵越冬场所。雌成虫下树产卵时，在树干基部挖坑，内放杂草诱集产卵，后集中销毁处理。

2. 树干上涂胶环，阻止若虫上树。将树干老翘皮刮除10cm宽，涂胶一周闭合，树干光滑者可直接涂。胶环的配方为豆油5份，松香10份，黄醋1份。

3. 草履蚧的主要天敌有红环瓢虫、红点唇瓢虫、暗红瓢虫、黑缘红瓢虫，可利用天敌抑制草履蚧虫口。

4. 可用矿物油乳剂喷洒防治，含油量夏秋季为0.5%，冬季为3%~5%。或使用松脂合剂，夏秋季用18~20倍稀释液，冬季用8~10倍稀释液喷洒。

日本纽绵蚧

主要为害枫杨、红花檵木、天竺葵、合欢、三角槭、重阳木、月季、石榴、枫香、蜡梅、刺槐、女贞、榆树、朴树、桑树等。

◆ 形态特征及危害

雌成虫体长8mm，宽5mm，体背有红褐色纵条，体黄白色，带有暗褐色斑点，背部隆起，背腹体壁柔软。老熟产卵时体背分泌蜜露，腹部产生白色卵囊，向后延伸，随着卵量增加卵囊向上弓起，逐渐形成扭曲的“U”形。卵囊伸长45~50mm，宽3mm左右。卵椭圆形，长约0.4mm，橙黄色，表面有蜡粉。若虫长椭圆形，长0.6mm，肉红色。

日本纽绵蚧

日本纽绵蚧为害红花檵木

以若虫和雌成虫在寄主枝上吸取汁液为害，尤其在嫩枝上为害严重，致使枫杨生长势下降，直至枝梢枯死。为害高峰期为4~6月。

◆ 发生规律

1年发生1代，以受精雌成虫在枝条上越冬。越冬期虫体较小且生长缓慢。3月初开始活动，生长迅速，3月下旬虫体膨大，4月上旬隆起的雌成虫开始产卵于白色卵囊中，每头雌成虫平均可产卵1000粒，多的可达1600多粒。5月上旬末，若虫开始孵化，5月中旬进入孵化盛期。卵期为36天左右。孵化的小若虫在植物上四处爬行，数小时后寻觅适合的叶片或枝条固定取食。5月下旬为孵化末期。若虫主要在2~3年生枝条和叶脉上为害。1龄若虫自然死亡率高，孵化期遇大雨可冲刷掉80%以上的若虫。11月下旬~12月上旬进入越冬期。

◆ 防治方法

1. 冬季结合修剪，剪除有越冬虫的植株，同时清除销毁枯枝落叶、杂草与表土中越冬的虫源。春季4~5月雌成虫产卵期时，剪除虫枝或刷除虫体，防止蔓延，并剪除过密枝条以利通风透光。少量发生时，可用高压喷雾机清水冲掉幼虫或卵囊。

2. 保护和利用寄生蝇、捕食螨、草蛉、寄生蜂等天敌，如红点唇瓢虫成虫、幼虫均可捕食日本纽绵蚧卵、若虫、蛹和成虫，6月后捕食率高。

3. 6~9月可用无公害农药防治，如1.5%烟碱·苦参碱乳油800倍、烟草水100倍液等。冬季越冬期可用松脂合剂30倍液防治。

4. 发生量大时，5月上中旬若虫孵化盛期选用内吸性药剂防治，连用2次，间隔7~10天。针对低矮植物，可用喷雾方式防治。针对高大树体，也可使用吊注“必治”或者插“树体杀虫剂”插瓶的方式防治，用量根据树种、树势、气候等因素调整。

十九、合欢

合欢的主要病虫害有合欢羞木虱等。

合欢羞木虱

又名梨木虱，属半翅目，木虱科。主要为害合欢、梨等。

◆ 形态特征及危害

合欢羞木虱叶背面刺吸为害状

体为绿色或黄绿色，触角黄色，复眼褐色。前翅污黄色，后翅透明。体狭长，筒形。以成虫、若虫聚集在合欢嫩梢、花蕾、叶片背面刺吸汁液为害。若虫还可分泌白色絮状蜡质物，堵塞叶面气孔，诱发合欢和树下植物煤污病。为害严重时，叶片发黄脱落，嫩梢易折断，植株长势减弱，枝叶疲软萎缩。

◆ 发生规律

1年发生3~4代，以成虫在树皮裂缝、树洞和落叶下越冬。翌年春天，当合欢叶芽开始萌动时，越冬成虫交尾产卵于叶芽基部或顶梢上，以后各代的成虫则将卵分散产于叶片上。5月中旬，若虫聚集于合欢嫩梢为害，并排出大量蜡丝和蜜露，可诱发煤污病。6~7月为为害盛期。

◆ 防治方法

1. 冬春季清除树下枯枝落叶及杂草并集中销毁。
2. 冬末春初在合欢枝干或周围杂草上喷药剂，杀死越冬成虫。
3. 为害期可使用药剂防治，建议5月下旬、6月上旬和下旬各用药一次。

二十、重阳木

重阳木的主要病虫害有重阳木锦斑蛾、蚜虫等。

重阳木锦斑蛾

属鳞翅目，斑蛾科，仅为害重阳木。

◆ 形态特征及危害

成虫头、胸、腹大部分为橘红色，翅黑色。老熟幼虫褐色，从头至腹部末节各节背线上有椭圆形一大一小两个黑斑，每节亚背线上各有1个黑斑，黑斑两端具有浅黄褐色小瘤，上有1根黑色短毛，在气门下线每节生有较大的肉瘤。蛹黄色，羽化前变鲜黄色。茧丝质，较薄，黄白色。

幼虫低龄时啃食叶肉表皮，3龄后可以蚕食叶片，仅留下叶脉。幼虫在食料不足时有吐丝下垂转移为害的习性。成虫有趋光性。

重阳木锦斑蛾成虫

重阳木锦斑蛾幼虫

◆ 发生规律

1年发生4~5代，以4代为主。以老熟幼虫在墙角、石缝等地结茧越冬。翌年4月中下旬羽化，卵产于树枝或树干的树皮缝隙，散产或小块聚产。5月上旬出现第1代幼虫，幼虫历期与温度、食料等外界因素密切相关，夏季高温时完成1个世代仅需25~28天。

◆ 防治方法

1. 冬季人工捕杀越冬幼虫，居民区可刮除越冬茧，大面积绿化区可结合松土杀死越冬幼虫。

2. 保护和利用日本追寄蝇、横带沟姬蜂、绒茧蜂、鸟类等天敌。

3. 苏州地区常年各代低龄幼虫盛期防治适期为5月中下旬、7月初、7月底~8月初、9月上中旬，部分第5代在10月中上旬。药后12~24小时内若下雨，则需及时补治。

4.在虫害大面积严重发生时，可选用4.5%的高效氯氟氰菊酯1000倍液或25%的灭幼脲1000倍液喷雾防治。

二十一、悬铃木

悬铃木的主要病虫害有白粉病、方翅网蝽、云斑天牛等。

白粉病

多次侵染的真菌性病害，主要为害叶片、嫩梢及芽。

◆ 发病症状

受害叶片正反面均布满白色粉层。发病初期，在叶片正面或背面产生白粉小圆斑，后逐渐扩大，导致嫩叶皱缩、纵卷，新梢扭曲、萎缩，影响该树的正常生长。发生严重时，在白色的粉层中形成黄白色小点，后逐渐变成黄褐色或黑褐色，导致叶片枯萎，提前脱落。

悬铃木白粉病症状

◆ 病原及发生规律

病原为叉丝壳属白粉菌。病菌以菌丝体、闭囊壳在病组织、病落叶上越冬。一般5~6月发病，生长季节会多次再侵染，湿冷、闷热、栽植过密和通风不良的环境下，发生严重。土壤黏重、施肥不足及管理粗放，更易发病。

◆ 防治方法

1. 选用无病菌植株或从无该病发生的地区调用引进树种。

2. 冬季剪除病害严重的枝干，同时清除病落叶。修剪后，喷一次5波美度石硫合剂，清除越冬菌源。春季及时剥芽，增加通风透光性，增施磷钾肥，增强树木生长势。

3. 开春新叶萌发，展叶初期普遍喷1次等量式波尔多液150倍稀液，预防病害发生。依据病害发生特点，发病初期每隔10~15天施药1次，连续2~3次，药剂交替使用，以免病菌产生抗药性。

悬铃木方翅网蝽

属半翅目，网蝽科，属于外来物种。该虫发生世代多、繁殖力强、耐寒性较强，不易除治，对悬铃木影响严重。

◆ 形态特征及危害

成虫乳白色，两翅基部隆起处的后方有褐色斑，体长3.2~3.7mm，头兜发达，盔状。头兜、侧背板、中纵脊和前翅表面网肋上密生小刺，侧背板和前翅外缘的刺列明显。前翅显著超过腹部末端，静止时前翅近长方形。足细长，后胸臭腺孔远离侧板外缘。若虫体形似成虫，无翅。

成虫、若虫刺吸寄主树木叶片汁液为害，受害叶正面出现许多密集的白色斑点，背面布满虫粪和分泌物，并出现锈色斑，影响植株正常生长，导致树势衰弱，叶片枯黄，提前脱落，严重时甚至引起植株死亡。

悬铃木方翅网蝽成虫、若虫

悬铃木方翅网蝽为害状

悬铃木树皮下越冬的方翅网蝽成虫

◆ 发生规律

1年发生5代，以成虫于10月中下旬在悬铃木主干和支干的皮下或树皮裂缝内越冬。越冬成虫4月上旬上树为害，4月下旬开始产卵，5月上旬始见第1代若虫，7~8月世代重叠现象明显。

◆ 防治方法

1. 秋季刮除疏松树皮层并及时收集落叶销毁，减少越冬虫量。

2. 保护和利用草蛉、猎蝽、捕食螨、螳螂和缨小蜂科寄生蜂等天敌。

3. 对高大的树木用树干注药法防治。

4. 叶面药剂喷雾：越冬成虫出蛰期和第1代若虫发生期是重点防治时期，5月中下旬发生盛期是年度最佳防治时期。可使用10%吡虫啉可湿性粉剂1000~1500倍液、25%噻虫嗪水分散粒剂5000~8000倍液、5%啶虫脒可湿性粉剂1500~2000倍液喷雾防治。

云斑天牛

属鞘翅目，天牛科，白条天牛属。

◆ 形态特征及危害

成虫体长34~61mm，宽9~15mm，体黑褐色或灰褐色。老龄幼虫体长70~80mm，淡黄白色；蛹体长40~70mm，淡黄白色。云斑天牛幼虫蛀害悬铃木树干和树枝，初孵幼虫在韧皮部为害一段时间，20~30天后蛀入木质部并向上蛀食，使受害处变黑，树皮胀裂，流出树液，并向外排木屑和虫粪，蛀道内无木屑和虫粪。

悬铃木受云斑天牛蛀害，正常生长发育受到影响，树势逐渐衰弱，易被风折断。受害严重时，木质部被蛀空，导致整株死亡。

云斑天牛成虫

云斑天牛幼虫

悬铃木根部云斑天牛蛀屑

悬铃木树干上云斑天牛蛀屑

◆ **发生规律**

云斑天牛2~3年发生1代，以幼虫和成虫交替在蛀道内和蛹室内越冬。翌年4~6月越冬成虫咬一圆形羽化孔飞出，5月为羽化盛期，连续晴天、气温较高时羽化更多。成虫白天栖息在树干和大枝上，有趋光性，晚间活动取食，生活约40天，寿命约9个月。成虫受惊时即坠地。成虫补充营养后产卵，卵多产在距地面1.5~2m处树干的卵槽内，卵期10~15天。幼虫于7月孵化，此时卵槽凹陷、潮湿，幼虫期达12~14个月。8月幼虫老熟化蛹，9~10月成虫在蛹室内羽化，不出孔越冬。

◆ 防治方法

1. 成虫发生盛期，利用成虫的趋光性、不喜飞翔等特点，傍晚持灯诱杀，或早晨人工捕捉，或用绿色威雷兑水300kg均匀喷树干树枝，有效期长达45~60天。产卵期，检查成虫产卵刻槽或流黑水的地方，寻找卵粒，用刀挖或用锤子等物将卵砸死。

2. 卵孵化盛期，用铁丝将蛀道内的幼虫勾出杀死，或用小刀将树皮剥开挖出初孵幼虫并杀死，或在卵槽处涂抹50%辛硫磷乳油5~10倍药液，杀死初孵化出的幼虫；幼虫蛀干为害期，发现树干上有粪屑排出时，先用小刀将受害部位变色的悬铃木表皮刮除，露出为害孔，或在发现的其他蛀孔注入药剂，然后用黄泥将洞口封闭杀死幼虫，如发现树干上有深褐色树液流出，也可直接从流出孔注射药剂防治幼虫。

3. 冬季成虫产卵前，用生石灰10份、硫磺1份、食盐或动物胶0.5份、水40份，拌匀后制成白涂剂，涂刷树干基部，可有效防止成虫产卵。

4. 保护和利用天敌，天牛有许多捕食和寄生天敌，如啄木鸟、喜鹊、肿腿蜂、壁虎等。

二十二、梧桐

梧桐的主要病虫害有煤污病、梧桐木虱等。

梧桐木虱

又称青桐木虱、梧桐裂头木虱，属半翅目，木虱科。

◆ 形态特征及危害

成虫黄色或绿色，末龄若虫体略呈圆筒形，被较厚的白色蜡质物，全体灰白而微带绿色。以若虫、成虫群集在梧桐叶背或幼嫩干上吸食树液为害，严重时导致整株叶片发黄、顶梢枯萎。若虫分泌的白色棉絮状蜡质物，会将叶面气孔堵塞。

梧桐木虱成虫

◆ 发生规律

1年发生2代。以卵越冬，翌年5月初越冬卵孵化，6月成虫羽化，7月中旬第2代若虫孵化，8月中上旬第2代成虫出现，8月下旬开始产卵，主要产于主枝下面近主干处或侧枝粗糙处。

梧桐木虱若虫分泌的白色棉絮状蜡质物

◆ 防治方法

1. 为害期用清水冲刷掉絮状物及其中若虫和成虫。

2. 结合冬剪，除去多余侧枝。

3. 用涂白剂涂抹树干，清除越冬卵。

4. 保护和利用天敌。如寄生若虫的寄生蜂及捕食卵和若虫的大草蛉、中华草蛉、绿姬蛉、深山姬蛉、食蚜蝇、赤星瓢虫、姬赤星瓢虫、黄条瓢虫等。

5. 大发生时可用甲维盐乳油针对性防治。

第二部分　常见灌木主要病虫害识别和防治

一、红叶石楠

红叶石楠的主要病虫害有白粉病、叶斑病、低温冷冻害、棉蚜、袋蛾等。

白粉病

主要侵染红叶石楠、石楠的叶片，通常嫩叶比老叶更易受侵染。

◆ 发病症状

发病初期，染病部位出现近圆形或不规则形的白色小粉斑。在适宜条件下，粉斑迅速扩大，连接成片，叶片正反两面布满白色粉层。发病后期，病叶皱缩、扭曲、变形。严重时，叶片萎缩干枯，提前脱落，甚至全株死亡。

石楠白粉病症状

石楠受害嫩叶皱缩、扭曲、变形

◆ 病原及发生规律

病原为白粉菌属真菌。病菌以菌丝体在病芽、病枝或落叶上越冬。翌年春天随气温回升，病菌开始活动。一般3月中下旬开始出现症状，4~5月进入发病盛期。条件适宜，病部产生大量白色粉状分生孢子，借气流或水珠飞溅传播，对植株进行多次再侵染，使病害不断扩大。一般多雨、闷热、栽植过密及通风不良条件下发病重。

◆ 防治方法

1. 栽植时检查病芽、病叶，剪除销毁。

2. 加强肥水管理，提高抗病能力。

3. 休眠期喷施1~3波美度石硫合剂，控制越冬菌源。发病初期使用药剂防治。

叶斑病

是江苏地区红叶石楠的一种主要叶部病害，严重时阻碍红叶石楠的生长，降低其观赏价值。

◆ 发病症状

茎、叶受害时，先出现褐色小点，之后逐渐扩大发展成多角病斑。发病严重时，叶片上会形成大面积枯死斑，影响红叶石楠正常生长，甚至导致全株枯死。

红叶石楠叶斑病症状（红斑）

红叶石楠叶斑病叶片枯死、提早脱落

◆ 病原及发生规律

病原为盘多毛孢属小孢拟盘多毛孢真菌。病菌以菌丝体在病株及病叶上越冬。夏秋季为主要发病期。

◆ 防治方法

1. 冬春季结合修剪，清除枯枝病落叶，减少越冬病源。生长季及时剪除、清理病叶，减少再侵染源。

2. 薄肥勤施，合理浇灌，增强树木生长势和自身抗病能力。

3. 3～4月初和5～6月叶片萌动时，每隔10～15天喷施1次1%等量式波尔多液或石硫合剂进行保护预防。

低温冷冻害

◆ 发病症状

红叶石楠低温冷冻害症状

低温可为害红叶石楠、山茶、杜鹃、桂花、苏铁等多种植物。0～5℃的低温所致病害称冷害，会导致植物叶片变色、坏死和表面出现斑点，木本植物则出现芽枯、顶枯。0℃以下的低温所致病害称冻害。冻害的症状主要是幼茎或幼叶出现水浸状暗褐色的病斑，严重时整株植物变黑、干枯、死亡。发生冷冻害的植物树势衰弱，容易诱发其他侵染性病害，如叶斑病等。植物开花期遇到较长时间的低温，也会影响结果。

◆ 防治方法

1. 采用根颈培土，涂白，搭风障，浇“冻水”和灌“春水”等防寒防冻。

2. 因地制宜种植抗寒力强的树种，改善小气候条件，预防和减轻冷冻害。

3. 冬季修剪，减少蒸腾面积，预防冷冻害，并加强护理受冻树木。

棉蚜

蚜虫属半翅目，蚜总科。为害红叶石楠的蚜虫以棉蚜、桃蚜为主。

棉蚜又名瓜蚜、蜜虫，属半翅目，蚜科。俗称蜜虫、油虫、油汗等。主要为害朱槿、木槿、木芙蓉、一串红、茶花、菊花、牡丹、常春藤、紫叶李、紫荆、仙客来、玫瑰等植物。

◆ 形态特征及危害

干母体长无翅，全茶褐色。无翅胎生雌蚜体夏季为黄绿色，春秋季为墨绿色或蓝褐色。有翅胎生雌蚜体为黄色、浅绿色或深绿色，前胸背板为黑色，夏季虫体腹部多为淡黄绿色，春秋季多为蓝黑色，背面两侧有3~4对黑斑。末龄若蚜夏季体为黄色或黄绿色，春秋季为蓝灰色。有翅若蚜，体两侧有短小的褐色翅芽，夏季为黄褐或黄绿色，秋季为蓝灰黄色。

成虫和若虫群集在寄主的嫩梢、花蕾、花朵和叶背，吸取汁液，使叶片皱缩，影响开花，并分泌蜜露粘污中下部叶片，诱发煤污病。嫩叶和生长点被害后，叶片卷缩，生长缓慢萎蔫，甚至枯死。

红叶石楠嫩叶棉蚜为害状

红叶石楠叶背棉蚜刺吸为害状

◆ 发生规律

棉蚜每年发生20~30代，以卵在杂草或花木枝条芽腋间越冬。翌年3~4月寄主萌芽时，越冬卵开始孵化为干母，干母胎生下的第1代为干雌，无翅。干母在越冬寄主上繁殖3~4代，4~5月产生有翅胎生雌迁移蚜，从冬季寄主迁飞到夏季寄主上繁殖为害。秋末冬初10~11月气温下降，日照缩短，产生有翅性母蚜，飞回到越冬寄主上，生出能产卵的有性无翅雌蚜，与有翅雄蚜交配后产卵，以卵越冬。有翅蚜对黄色有趋性，对银灰色有负趋性，有翅蚜迁飞还会传播病毒。

◆ 防治方法

1. 人工助迁或释放瓢虫和草蛉等天敌控制棉蚜。

2. 利用银灰色薄膜避蚜，利用黄板诱杀有翅蚜，减轻为害。

3. 为害严重时，使用药剂防治，喷洒时应注意将喷嘴对准叶背，让药液尽可能喷到棉蚜体上。

袋蛾

又名蓑蛾、避债虫等，俗名吊死鬼，属鳞翅目，袋蛾科。常见种类有大袋蛾、茶袋蛾、白囊袋蛾等。

大袋蛾 大袋蛾的寄主有红叶石楠、油茶、茶、山茶、桉、栗、柿、白玉兰、悬铃木、刺槐、榆树等植物，以阔叶树木为主，亦能取食针叶树及草本植物。

◆ 形态特征及危害

大袋蛾成虫雌雄异型，雄蛾有翅，雌蛾无翅、粗壮、肥胖。雄蛾黑褐色，触角羽毛状。老熟雌幼虫黑色，雄幼虫较小。护囊纺锤形，囊外附有较大的碎叶片，排列不整齐。幼虫吐丝缀叶形成护囊，雌虫终生不离幼虫所织的护囊。

大袋蛾成虫

袋蛾类幼虫能负袋而行，白天匿于囊内，阴天和晚上取食树叶、嫩枝及幼果。大发生时，几天能将全树叶片食尽，残存秃枝光秆，严重影响林木生长和开花结果，使枝条枯死甚至造成整株死亡，是绿化植物主要杂食性食叶害虫之一。

大袋蛾护囊

◆ **发生规律**

1年发生1代，以老熟幼虫在护囊内越冬。雌成虫产卵量极大，每次可产卵2000~3000余粒，平均可达2600粒左右。5月下旬~7月下旬为幼虫孵化期。7~9月幼虫老熟，至10月将袋囊用丝束缠绕于小枝上固定越冬。7~8月若遇高温干旱，常会严重发生，如遇大雨，幼虫易受雨水冲刷而大批死亡。

茶袋蛾　又名小袋蛾，茶窠蛾。主要为害山茶、红叶石楠、白玉兰、刺槐、榆树等。

◆ **形态特征及危害**

初孵幼虫先啃食叶肉，在表皮留下星点状透明斑痕。稍大后，蚕食叶片成孔洞、缺刻或仅留叶柄。虫口多时可将叶片食光。护囊随虫体长大而增大，幼虫取食或爬行时，护囊挂在腹末随其行动。小袋蛾多在清晨、傍晚或阴天取食。

小袋蛾护囊

小袋蛾为害状

◆ 发生规律

1年发生1代，以3、4龄幼虫在护囊内悬挂在枝条上越冬。翌年4月下旬，越冬幼虫取食活动，5月中下旬羽化为成虫。6~8月为幼虫为害期，10~11月幼虫进入越冬期。雌雄成虫交尾后，雌虫产卵于护囊内蛹壳中。初孵幼虫从囊口涌出后随风飘散，随即吐丝黏附各种碎屑营造护囊。

◆ 防治方法

1. 冬季树木落叶后，结合修剪，人工摘除越冬虫囊。

2. 可利用黑光灯诱杀成虫。

3. 幼虫大量发生期，控制在3龄前，药剂防治。可用苏云金芽孢杆菌（Bt乳剂）等生物类农药，或青虫菌液（含1亿活孢子/mL）喷雾。根据幼虫多在傍晚活动的特性，宜在傍晚用药，注意喷施均匀，要求喷湿护囊。

4. 保护和利用袋蛾幼虫的天敌寄生蜂、寄生蝇等。

二、山茶

山茶的主要病虫害有炭疽病、灰斑病、日灼病、蚧壳虫等。

炭疽病

是山茶上普遍发生的重要病害，也为害茶梅。

◆ 发病症状

主要侵染叶片及嫩梢。发病初期，叶片上出现浅褐色小斑点，逐渐扩大成赤褐色或褐色病斑，叶缘和叶尖病斑呈半圆形或不规则形。后期病斑变为灰白色，边缘深褐色，轮生黑色小点粒，即病菌的分生孢子盘。湿度大时，黑色点粒内溢出粉红色黏孢子团，即为病菌的分生孢子。

山茶炭疽病中期症状

山茶炭疽病后期症状

◆ 病原及发生规律

病原为刺盘孢属（炭疽菌属）山茶炭疽菌。病菌以菌丝体和分生孢子盘在病枯枝落叶内、叶芽、花芽鳞片基部等处越冬。分生孢子经风雨传播，从伤口侵入。

一般5~11月为发病期，6~9月为发病高峰期。高温、高湿、多雨有利于炭疽病的发生。高温烈日后暴雨，常引起病害暴发。施用氮、磷、钾的比例不当、通风不良、光照不足等，均会加重炭疽病的发生。

◆ 防治方法

1. 从健康无病的母树上采条，扦插繁殖无菌苗木。

2. 清除枯枝落叶，剪除有病枝条并销毁，减少侵染来源。

3. 栽植在半阴、通风、排水良好、酸性的肥沃土壤中，增施有机肥及磷、钾肥，促进山茶健康生长，增强抗病性。

三、大叶黄杨

大叶黄杨的主要病虫害有褐斑病、白粉病、黄化病、大叶黄杨尺蠖、大叶黄杨长毛斑蛾等。

褐斑病

大叶黄杨普遍发生的病害之一。

◆ 发病症状

主要为害叶片。发病初期，叶片上出现黄褐色针尖状小点，逐渐扩展为近圆形或不规则形病斑，相互连成大病斑，中央浅灰色，边缘黑褐色。后期病斑密生出许多小霉点。为害严重时，叶片发黄脱落，形成秃枝，甚至导致植株死亡。

大叶黄杨褐斑病初期症状

大叶黄杨褐斑病中期症状

◆ 病原及发生规律

病原为尾孢属坏损尾孢菌真菌。病菌以菌丝或子座组织在病叶及其他病残组织中越冬。翌年春天温湿度适宜时，产生分生孢子，经风雨等传播，侵染健康叶片。5月中下旬开始发病，6~7月为侵染盛期，8~9月为发病盛期，并引起大量落叶。11月底以后，病害停止蔓延，第2年新叶展开前叶片基本落光。多雨、春季天寒、夏季炎热易发病。

大叶黄杨褐斑病后期症状

大叶黄杨褐斑病导致叶片提早脱落

◆ 防治方法

1. 选取健壮无病的苗木栽植。增施磷肥，提高苗木抗病能力。

2. 生长季节及时剪除病枝叶，冬季将落叶清除并销毁，减少侵染来源。

白粉病

大叶黄杨主要真菌病害之一，近年来发生比较普遍。

◆ 发病症状

主要为害幼嫩新梢和叶片。发病初期，嫩叶表面出现白粉小圆斑，后逐渐扩大成圆形或不规则形病斑，表面布满白色粉状霉层。严重时，整个叶片布满白粉，叶片皱缩，甚至纵卷，新梢扭曲畸形、萎缩。严重影响植株的正常生长。一般春季3月开始发病，高峰期为4~5月。

◆ 病原及发生规律

病原为端孢属冬青卫矛端孢菌。病菌以菌丝体在病组织上越冬。翌年春季，病菌产生大量分生孢子传播侵染，多次再侵染，秋季病菌再次产生孢子侵染发病。枝叶过密、光照不足、通风不良、低洼潮湿等都可加重病害发生。

大叶黄杨白粉病嫩叶受害状

大叶黄杨白粉病症状

◆ 防治方法

1. 秋冬季节剪除病弱枝，清除枯枝落叶并销毁，减少初侵染来源。生长季节发现少量病叶、病梢时，及时摘除，防止扩大侵染范围。

2. 休眠期喷洒2~3波美度石硫合剂，清除病芽中的越冬菌丝体。

3. 加强管理，控制种植密度，通风透光，降低小环境湿度。增施磷、钾肥，氮肥适量，增强树势，提高植株抗病力。

4. 可使用抗霉菌素120等生物农药防治。

大叶黄杨尺蠖

又名丝棉木金星尺蛾、卫矛尺蛾。主要为害大叶黄杨、丝棉木、扶芳藤、欧洲卫矛等植物，其中大叶黄杨受害最重。

◆ 形态特征及危害

成虫翅底银白色，具有大小不等、排列不规则的银灰色斑纹。初龄幼虫黑色，群居，3龄后背板、气门线及腹线变黄。老熟幼虫体黑色，背线、气门上线白色，气门线及腹线黄色。幼虫食叶，常暴发成灾，短期内会将叶片全部吃光。

◆ 发生规律

1年发生3~4代，以老熟幼虫在被害寄主下松土层中化蛹越冬。翌年4月中下旬越冬成虫羽化，5月上中旬第1代幼虫发生。7月上中旬第2代幼虫为害最重，常将大叶黄杨啃食成秃枝，甚至导致整株死亡。3、4代老熟幼虫在10月下旬及11月中旬吐丝下垂，入土化蛹越冬。

大叶黄杨尺蠖成虫

大叶黄杨尺蠖幼虫

大叶黄杨尺蠖幼虫取食叶片状

大叶黄杨尺蠖幼虫将叶片全部吃光

◆ 防治方法

1. 冬季翻耕土壤，松土灭蛹，减少越冬虫口基数。

2. 幼虫发生期，利用其吐丝下垂习性，可震落收集捕杀。成虫可利用黑光灯诱杀或人工捕捉。

3. 保护和利用寄生蝇、凹眼姬蜂、赤眼蜂等天敌。

4. “主攻1代，挑治2代。”第1代防治时期在4月中下旬~5月初和5月中旬~6月下旬。可用苏云金杆菌乳剂或青虫菌液，每克含孢子100亿可湿性粉剂100倍液喷洒防治。

大叶黄杨长毛斑蛾

又名冬青卫矛斑蛾，属鳞翅目斑蛾科。主要为害大叶黄杨、金边黄杨、大花卫矛、扶芳藤、丝棉木等。

◆ 形态特征及危害

成虫头、复眼、触角、胸、足及翅脉均为黑色，前翅略透明，胸部和腹部两侧有橙黄色长毛。老熟幼虫腹部为淡黄绿色，背线、亚背线、气门上线等明显，呈现7条纵贯身体的黑色线。茧丝质，呈灰白或淡黄褐色。

大叶黄杨长毛斑蛾幼虫为害状

大叶黄杨长毛斑蛾幼虫

以幼虫取食叶片为害。2龄幼虫群集在叶背取食下表皮和叶肉，残留上表皮。3龄后，幼虫开始分散为害，将叶片吃出孔洞、缺刻，甚至吃光叶片。

◆ 发生规律

1年发生1代，以卵在枝梢上越冬。翌年3月上旬，越冬卵开始孵化，并进入主要为害期，5月中下旬幼虫老熟，吐丝下垂入2~3cm表土中结茧化蛹越夏。11月中旬，成虫羽化产卵并进入越冬期。

◆ 防治方法

1. 结合冬季修剪，清除越冬卵。春季幼虫低龄时群集为害，可人工剪除虫团。

2. 人工释放天敌，如广赤眼蜂等。

3. 3龄前幼虫发生盛期时用药防治，可使用苏云金杆菌等生物农药。

四、小叶黄杨

小叶黄杨的主要病虫害有黄杨绢野螟、矢尖蚧等。

黄杨绢野螟

又名黄杨黑缘螟蛾，属鳞翅目螟蛾科。主要为害小叶（瓜子）黄杨、雀舌黄杨、珍珠黄杨等。

◆ 形态特征及危害

成虫全体被白色鳞毛，腹部末端被黑褐色鳞毛，故又称为黑缘螟蛾。雌虫翅缰2枚，雄虫翅缰1枚，腹部末端均有黑色毛丛。老熟幼虫头部黑褐色，胸、腹部浓绿色，在茧中化蛹，茧由丝缀和树叶构成。

幼虫连接周围叶片吐丝缀叶结巢，取食叶片、嫩梢，影响新梢生长，严重时吃光整株叶片，树冠上留丝网片，会造成树木成片枯萎死亡。

黄杨绢野螟幼虫

◆ 发生规律

1年发生3~4代，10月幼虫在寄主两张叶片构成的巢内越冬。翌年3~4月陆续出茧取食为害。6月上旬~7月上旬第1代幼虫为害严重，7月上旬~9月上旬是第2代幼虫全年为害高峰期，易造成大片枝叶枯黄。7月下旬～9月中旬第3代幼虫开始为害，并陆续结茧越冬。

黄杨绢野螟越冬虫茧和蛹

黄杨绢野螟严重为害状

◆ 防治方法

1. 结合冬季修剪，清除枯枝落叶，销毁越冬虫茧。

2. 主治越冬代，挑治1代。1~3代幼虫一般可隔代防治或视虫情挑治。越冬代通常在3月下旬～4月上旬防治，5~6月防治第1代幼虫，7月上中旬防治第2代低龄幼虫。

3. 利用成虫的趋光性，设置黑光灯诱杀。

4. 保护和利用绒茧蜂、凹眼姬蜂、跳小蜂等天敌。

矢尖蚧

属半翅目盾蚧科。主要为害黄杨、柑橘、香橼、兰花等。

◆ 形态特征及危害

蚧壳箭头形，雌蚧壳棕褐色，边缘灰白色，雌成虫体橙黄色。雄蚧壳狭长，粉白色棉絮状，背面有3条纵脊。雄成虫深红色，具有发达的前翅，后翅特化为平衡棒。以雌成虫、若虫固着于叶片、果实和嫩梢上吸食汁液为害。被害处形成黄斑，叶片畸形、卷曲，枝叶干枯，削弱树势甚至使植株枯死，诱发煤污病。

矢尖蚧

◆ 发生规律

1年发生2~3代。主要以受精雌成虫越冬。第1代若虫高峰期在5月中下旬，多在老叶上为害。第2代若虫高峰期在6月中旬左右，大部分寄生于新叶上为害。第3代若虫高峰期在9月上中旬。矢尖蚧通过枝、叶、果及苗木传播。温暖、湿润的环境有利于其生存，高温干燥可使矢尖蚧幼虫大量死亡。

◆ 防治方法

1. 冬季彻底清园，剪除严重虫枝、干枯枝。冬季和春梢萌发前喷松脂合剂、石硫合剂等。

2. 保护和利用日本方头甲、整胸寡节瓢虫、湖北红点唇瓢虫、矢尖蚧蚜小蜂和花角蚜小蜂等天敌。

3. 各代1、2龄若虫盛发期为药剂防治的关键时期。第1代幼蚧出现后，1~2天内进行第1次药剂防治，隔15~20天进行第2次药剂防治。可选用有机油乳剂100~150倍液、松脂合剂18~20倍液，或10%吡虫啉可湿性粉剂2000倍液、30%吡虫啉·噻嗪酮悬浮剂2000~3000倍液、25%噻嗪酮悬浮剂1000~2000倍液、6%阿维菌素·啶虫脒水乳剂1000~2000倍液等药剂。

五、月季

月季的主要病虫害有白粉病、黑斑病、锈病、根癌病、枝枯病、月季三节叶蜂、刺蛾、月季长管蚜等。

白粉病

月季白粉病主要为害月季、玫瑰、蔷薇等植物。

◆ 发病症状

主要为害月季叶片、新梢、花蕾、花梗。叶片受侵染时出现白色小粉斑，逐渐扩大为不规则形，严重时相互连接成片。

月季白粉病花蕾症状

月季白粉病叶片症状

◆ 病原及发生规律

病原为单囊壳菌属蔷薇单囊壳菌。病菌以菌丝体在病芽、病叶或病枝上越冬。翌年春天病菌随芽萌动而开始活动，产生分生孢子随风雨传播，直接侵入幼嫩部位。生长季节多次产生分生孢子再侵染。该病在干燥、郁闭处发生严重。

春季5～6月和秋季9～10月发病普遍。苏州地区的绿植通常春季发病比较重，发病高峰期一般在3月中旬～5月中旬。

◆ 防治方法

1. 加强栽培管理，多施磷钾肥，少施氮肥，增强抗病力。

2. 冬春及时剪除枯枝、病枝，休眠期喷洒2~3波美度石硫合剂。

3. 发病前可喷施比例为1∶1∶200的波尔多液预防，发病初期可选喷25%三唑酮可湿性粉剂1500～2000倍稀释液，或70%甲基硫菌灵可湿性粉剂1000倍稀释液等。在病叶率上升期每隔6～10天喷1次，连续喷2～3次。发病初期的病叶应及早摘除。

黑斑病

月季黑斑病为世界性病害，全世界种植月季、玫瑰的地区都会发生。该病除为害月季外，还为害蔷薇、黄刺玫、山地玫瑰等近百种蔷薇属植物及其杂交种。

◆ 发病症状

主要为害叶片，也侵害花梗、叶柄、嫩茎、嫩梢等部位。发病初期，叶片正面出现褐色小斑点，逐渐扩展成黑色病斑，外常有一黄色晕圈，边缘有羽绒状菌丝。后期病斑上出现许多黑色小颗粒，即病菌的分生孢子盘，严重时病斑连片。由于受害叶中乙烯含量高，使叶片黄化，提早脱落，严重影响植株生长和开花。

月季黑斑病症状

◆ 病原及发生规律

病原是盘二孢属蔷薇盘二孢菌真菌。病菌以菌丝体在芽鳞、叶痕等处，或以分生孢子盘在病枝和落叶上越冬。翌年4～5月，产生分生孢子，借风雨传播侵入，生长季节会发生多次再侵染。一般5～6月开始发病，7～9月为发病盛期。

发病严重时月季叶片提早脱落成光杆

◆ 防治方法

1. 选用抗病良种。

2. 结合秋冬季修剪，剪除病枝和病叶，并彻底烧毁，减少侵染来源。

3. 合理施肥，增施磷钾肥，适度修剪，松土培土，提高根系活力和长势，增强植株抗病力。

4. 休眠期喷1%硫酸铜溶液，杀死病残体上的越冬菌源。翌年开春在月季萌发前，喷晶体石硫合剂100倍稀释液。发病初期喷洒比例为1∶1∶200波尔多液等，雨季、生长期和梅雨季节7～10天喷1次，连喷4～5次。

玫瑰锈病

玫瑰锈病又称蔷薇锈病，是月季、玫瑰、蔷薇的重要病害。

◆ 发病症状

主要为害芽、叶片，也为害叶柄、花、果、嫩枝等部位。早春时从病芽展开的叶片布满橘黄色锈孢子器，随病情发展，叶背出现橘黄色夏孢子堆。后期叶背出现大量的黑褐色粉状物，即冬孢子堆。为害严重时叶片枯焦，提前脱落。

月季锈病叶正面病斑

月季锈病叶背面橘黄色夏孢子堆及黑褐色冬孢子堆

月季锈病花蕾症状（橘黄色夏孢子）

月季锈病花器症状

◆ 病原及发生规律

病原为多胞锈菌属短类多胞锈菌和蔷薇多胞锈菌。病菌以菌丝体在病芽、病组织内越冬，或以冬孢子在发病部位及枯枝落叶上越冬。

翌年月季萌芽，冬孢子萌发产生担孢子，侵入嫩芽、幼叶，产生橘黄色粉状物，即锈孢子，5月叶背产生橘黄色夏孢子，多次再侵染。5～6月发病重，9月有1次发病小高峰。温暖、多雨、空气湿度大的条件有利病害发生流行。

◆ 防治方法

1. 冬季清除枯枝落叶，生长季节及时摘除病芽或病叶。

2. 加强水肥管理，保持通风透光，增施磷、钾、镁肥，提高植株抗病性。

3. 休眠期喷洒3～5波美度石硫合剂，杀死芽内及病部的越冬菌丝体。发病初期用药剂防治，10～15天喷1次，连续2～3次。

根癌病

又称癌肿病、冠瘿病、根瘤病，为害严重。病菌寄主范围广，为害月季、菊花、樱花、大丽花、石竹、天竺葵、桃树、蔷薇、梅等。

◆ 发病症状

主要发生在月季根颈处，也为害枝条和地下根系。发病初期根颈处出现近圆形淡黄色小瘤，表面为灰白色，或略带肉色，质地光滑柔软，之后病瘤逐渐增大呈为不规则块状，在大瘤上又长出小瘤。成熟瘤表面粗糙，间有龟裂，质地坚硬木栓化，呈褐色或黑褐色。地上部分由于根系受到破坏，轻则植株生长缓慢，叶片变小、失绿黄化、提早脱落，花朵变细纤弱，重则全株死亡。

月季根癌病症状

◆ 病原及发生规律

病原为野杆菌属根癌土壤杆菌细菌。根癌病菌在病瘤内或土壤中的病株残体上可存活1年以上。可借由灌溉水、雨水、嫁接条、耕作农具及地下害虫等传播，机械伤、虫伤、嫁接等伤口侵入，植株根颈土壤接触处最易受侵染。远距离传播由带病苗木及种条运输。病菌生长最适合的温度为22℃，耐酸碱度范围以pH7.3为最适合，从细菌入侵植株到出现症状，一般需要数十天甚至一年以上。

由于病原细菌具有诱发癌肿的质粒，当细菌侵入月季后，这种质粒就能进入寄主细胞核内的DNA（脱氧核糖核酸）中，以后癌细胞就迅速增殖。根际有伤口，连作、偏碱性、湿度大的沙壤土发病重，切接比芽接发病率高。

◆ 防治方法

1. 加强检疫，选用无病苗木栽植，栽植前可用68%或72%农用硫酸链霉素可溶性水剂2000~3000倍液浸根2~3小时，或用1%硫酸铜溶液浸泡5分钟，清水冲洗后定植。

2. 及时挖除销毁病株，土壤可用农用抗生素类，如井冈霉素、农用链霉素等消毒，用量根据使用说明决定，一般配成100~1000ppm即可。

3. 病植株可切除肿瘤后用500~2000倍链霉素或500~1000倍土霉素或石灰乳或波尔多液涂抹伤口。也可用放射形土壤杆菌菌液浸泡插条、接穗或裸根苗。

枝枯病

主要为害月季、玫瑰、蔷薇等蔷薇属植物。

◆ 发病症状

主要侵染枝干。发病初期，枝干上出现灰白色、黄色或红色小点，中期扩大为椭圆形至不规则形病斑，中央呈灰白色或浅褐色，并有清晰的紫色边缘，后期病斑下陷，表皮纵向开裂。病斑上着生许多黑色小颗粒，即病菌的分生孢子器。老病斑周围隆起。病斑环绕枝条1周，会引起病部以上部分枯死。

月季枝枯病致枝条枯死

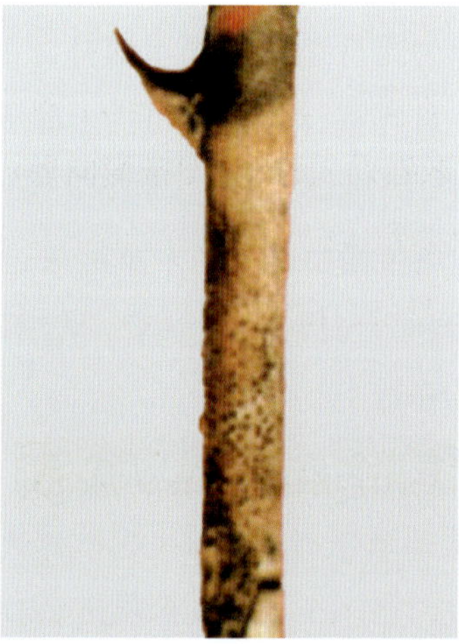

月季枝枯病后期枝条上出现黑色小颗粒

◆ 病原及发生规律

病原为盾壳霉属伏克盾壳霉菌。病菌以菌丝体和分生孢子器在枝条的病组织中越冬。翌年春天，在潮湿情况下，分生孢子器内的分生孢子大量涌出，借风雨传播，成为初侵染来源。病菌通过休眠芽和伤口侵入寄主。管理不善、过度修剪、生长衰弱的植株发病重。

◆ 防治方法

1. 加强养护，浇水施肥，促进植株健康生长，增强树势。

2. 及时清除病死枝条和植株，刮除老病斑，减少侵染来源。

3. 树干发病时，建议用药剂防治。可选用50%多菌灵可湿性粉剂800~1000倍液、75%百菌清粉剂600~700倍液、75%甲基托布津可湿性粉剂1000倍液、50%甲基硫菌灵·硫磺悬浮剂800倍液等药剂，隔10天左右喷1次，防治2~3次。

月季三节叶蜂

又名蔷薇三节叶蜂，属膜翅目，三节叶蜂科。主要为害月季、蔷薇、玫瑰、黄刺玫等花卉。

◆ 形态特征及危害

成虫前翅黑色，半透明，头、胸、翅和足均为黑色，有金属蓝光泽，腹部橙黄色。老熟幼虫各节有3条横向黑点线，腹足6对。蛹外有淡黄色的薄茧。

以幼虫群集叶片上取食为害，严重时将叶肉、嫩梢吃光，残存粗叶脉，影响植株的光合作用，降低其观赏价值，甚至导致植株全株死亡。

月季三节叶蜂成虫

月季三节叶蜂幼虫

◆ 发生规律

1年发生3~5代，以老熟幼虫或蛹在土中作茧越冬。翌年3月上中旬成虫羽化、产卵，用产卵管将月季、蔷薇等寄主植物的新梢纵向切开，产卵于其中。幼虫孵化后，爬出为害嫩梢叶片，初龄幼虫有群集习性，先啃食叶肉，后吞食叶片，严重时吃光全叶。9月底~11月幼虫陆续入土作茧越冬。

◆ 防治方法

1. 保护和利用蜘蛛、捕食性蝽象等天敌。

2. 幼虫发生期，利用其假死性，人工捕杀。寻找产卵枝梢、叶片，人工摘除卵梢、卵叶或孵化后群集的幼虫。

3. 冬季松土，清除越冬虫蛹。

4. 虫量大时，低龄幼虫期用药剂防治。可选用2.5%敌杀死（溴氰菊酯）乳油2000倍液，或10%氯氰菊酯（或5%高效氯氰菊酯乳油）1500倍液、25%灭幼脲3号悬浮剂2000倍液、20%杀蛉脲悬浮剂10000倍液等药剂，连用1~2次，间隔7~10天。轮换用药，延缓抗药性产生。

刺蛾

刺蛾类，俗称洋辣子、刺毛虫，属鳞翅目，刺蛾科，国内已知有90余种。幼虫蛞蝓形，体上常具有瘤和枝刺，且具有毒刺和刚毛，胸足小，腹足退化呈吸盘状。蛹外常有光滑坚硬的茧。为害绿化植物的主要有黄刺蛾、扁刺蛾、桑褐刺蛾、丽绿刺蛾、褐边绿刺蛾、两色绿刺蛾等。

褐边绿刺蛾成虫

褐边绿刺蛾幼虫

丽绿刺蛾成虫

丽绿刺蛾幼虫

黄刺蛾幼虫

黄刺蛾幼虫严重为害月季状

黄刺蛾　主要为害枫杨、重阳木、杨树、柳树、榆树、刺槐、茶花、樱花、石榴、三角枫、紫荆、紫薇、梧桐、梅花、海棠、蜡梅、月季、紫薇、珊瑚树、桂花、大叶黄杨、花曲柳等90多种绿化植物。

◆ 形态特征及危害

成虫体橙黄色，触角丝状，前翅黄褐色，基半部黄色，端半部褐色，有2条暗褐色斜线，在翅尖上汇合于一点，呈倒“V”形，内面有一条线伸到中室下角，为黄色与褐色的分界线，后翅灰黄色。老熟幼虫体长16~25mm，黄绿色，体背面有一块紫褐色哑铃形大斑。蛹黄褐色，茧灰白色，茧壳上有黑褐色纵条纹，形似雀蛋。初龄幼虫只食叶肉，4龄后蚕食整叶，常将叶片食尽。

◆ 发生规律

1年1~2代，以老熟幼虫在树干、枝杈、枝上等处结茧越冬。翌年5月中旬化蛹，下旬开始羽化。6月上旬第1代幼虫开始出现，6月下旬~7月老熟幼虫开始在树干、树枝上吐丝缠绕，随即分泌黏液作茧化蛹，8月上旬羽化。第2代幼虫为害盛期为8月下旬~9月中旬，9月下旬开始陆续在树干上结茧。

成虫白天潜伏于叶背，夜间活动产卵，有较强趋光性。卵产于叶背，散产或少量聚在一起，每雌产卵50～60粒。

扁刺蛾　又名黑点刺蛾，主要为害月季、山茶、海棠、樱花等80多种植物。

◆ 形态特征及危害

成虫头、胸、翅灰褐色，前翅从前缘到后缘有1条明显的暗褐色线，线内有浅色宽带，从前缘近顶角处斜伸至后缘。老熟幼虫体黄绿色，扁平，背有白色线，各节背面横向着生4个刺突。茧结于树木周围浅土层中，呈黑褐色椭圆形，坚硬。

幼虫以昼夜取食叶片为害。2龄幼虫开始取食卵壳和叶肉，3龄幼虫啃叶形成孔洞，5龄幼虫食量大，取食全叶，为害重。

扁刺蛾幼虫

扁刺蛾成虫

◆ 发生规律

1年发生2代，以老熟幼虫在树下及附近浅土层中结茧越冬。翌年4～5月化蛹，5月中旬～6月成虫开始羽化产卵。成虫傍晚羽化，有趋光性，卵散产于叶面，9月底开始下树结茧越冬。6月上中旬第1代幼虫开始为害叶片，8月～翌年4月为第2代幼虫为害期。6月和8月为全年幼虫为害严重时期。

桑褐刺蛾 主要为害月季、樱花、紫荆、桂花等。

◆ **形态特征及危害**

幼虫取食叶肉为害。6月中旬为第1代幼虫为害期，7月中旬为第2代幼虫为害期，8月下旬~9月下旬为第3代幼虫为害期。

◆ **发生规律**

1年发生2~3代，以老熟幼虫在树干周围的疏松表土层或草地丛间、树叶堆、砾石缝中结茧越冬。翌年5月下旬开始羽化产卵。3代成虫分别在5月下旬、7月下旬、9月上旬出现。成虫夜间活动，有趋光性，卵多成块产在叶背，每次产卵300多粒，10月下旬开始在土中结茧越冬。

桑褐刺蛾成虫

◆ **防治方法**

1. 结合秋冬季修剪、松土，清除树枝上和土中越冬虫茧并销毁，减少越冬虫口基数。

2. 利用成虫趋光性，用黑光灯诱杀成虫。

3. 保护和利用上海青蜂、刺蛾广肩小蜂、赤眼蜂、姬蜂等天敌。

4. 发生量大时，1~3龄低龄幼虫高峰期，用每克含孢子100亿的白僵菌粉0.5~1kg，在雨湿条件下防治。也可使用苏云金芽孢杆菌（Bt杀虫剂）500倍液或青虫菌制剂，潮湿条件下喷雾防治。或把罹病虫尸收集后研碎，再用水稀释后喷洒防治。

桑褐刺蛾幼虫（红型）

桑褐刺蛾幼虫（黄型）

月季长管蚜

为害月季的蚜虫主要有月季长管蚜、桃蚜等。

◆ 形态特征及危害

月季长管蚜为害状

月季长管蚜无翅雌成蚜虫体呈淡绿色，少数呈橙赤色，尾片与体色相同，触角和腹管暗色。幼蚜体色比成蚜浅，复眼为红色。

月季长管蚜以胎生为主，越冬后的成蚜于4月上旬开始聚集于月季花蕾、嫩梢、嫩叶上吸取汁液为害，并大量繁殖，使花蕾及幼叶卷曲畸形，不能伸展。同时，月季长管蚜还会传播病毒，分泌蜜露引发煤污病。每年春季5~6月和秋季9~10月是蚜虫为害高峰期。

◆ 发生规律

1年发生10~20代，以卵在叶芽或花芽基部越冬，也有部分孤雌成蚜在月季、蔷薇等的叶芽和叶背越冬。春季随气温增高加快繁殖，4月中旬开始出现有翅蚜迁飞扩散为害，夏季高温季节适当减少为害，9月可再次发生。月季长管蚜1年繁殖2次，分别在5月中旬和10月中下旬，这两个时间段温度均在20℃左右，气候干燥，有利于其繁殖。

◆ 防治方法

1. 结合月季花期、休眠期的修剪，剪除有蚜枝条，减少虫源。

2. 少量盆栽月季发生蚜虫为害时，可用烟草水喷洒。将1份（如0.5kg）烟叶浸泡在40~50份（如20~25kg）水中，一昼夜后揉搓过滤，即得到烟草水。

3. 保护和利用瓢虫、食蚜蝇等天敌。

4. 发生量大、为害严重时，可选用50%灭蚜松乳油1000~1500倍液，或50%抗蚜威可湿性粉剂1000~1500倍液，5%溴氰菊酯乳油3000~5000倍液，10%吡虫啉可湿性粉剂2000~2500倍液等药剂防治。

六、杜鹃

杜鹃的主要病虫害有褐斑病、黄化病、煤污病、日灼病、杜鹃花冠网蝽等。

褐斑病

又名角斑病，是杜鹃上常见的重要病害之一。

◆ 发病症状

主要侵染叶片。发病初期，叶片上出现红褐色小斑点，逐渐扩展为近圆形或多角形病斑，病斑褐色或红褐色，正面比反面颜色深。后期病斑中央组织变为灰白色，边缘深褐色。严重时病斑相连成片，导致叶片枯黄、早落。潮湿条件下，叶斑正面生出许多褐色的小霉点，即病菌的分生孢子和分生孢子梗。

杜鹃褐斑病症状

◆ 病原及发生规律

病原为假尾孢属杜鹃花假尾孢菌。病菌以菌丝体在病叶及病残体上越冬。翌年春天，当气温适宜时形成分生孢子，借风雨等传播，直接侵入叶片组织，或自伤口处侵入，成为初侵染源，生长季节可多次侵染。

一般于5月中旬开始发病，6~7月为发病高峰期。雨水多、雾多、露水重等条件有利于发病，植株缺铁黄化，通风透光不良、土壤黏重、管理粗放、生长不良、梅雨及台风等，均会导致病害加重。

◆ 防治方法

1. 秋季彻底清除病落叶并销毁，生长季节及时摘除病叶，改善环境条件。
2. 杜鹃栽植密度要适宜，以便通风透光，降低叶面湿度。
3. 杜鹃开花后可使用药剂防治，每10~14天喷1次，连续喷2~3次。

杜鹃花冠网蝽

又名杜鹃冠网蝽，属半翅目，网蝽科，是杜鹃的主要害虫。

◆ 形态特征及危害

成虫体形扁平，黑褐色，前胸背板发达，具网状花纹，向前延伸盖住头部，向后延伸盖住小盾片，两侧伸出呈薄圆片状的侧背片，翅膜质透明，前翅布满网状花纹，两翅中间接合成明显的“X”状花纹。卵长椭圆形，初产时淡绿色，半透明，后变淡黄色。若虫初孵时乳白色，后渐变为暗褐色。

以若虫和成虫群集在杜鹃叶背面刺吸汁液为害，受害叶背面出现似被溅污的黑色黏稠物，这一特征易区别于其他刺吸害虫。受害严重时斑点成片，全叶失绿，远看一片苍白，严重影响杜鹃光合作用，导致提早落叶。

杜鹃花冠网蝽成虫

杜鹃花冠网蝽为害状

◆ 发生规律

1年发生4~5代，以成虫在枯枝落叶、杂草、树皮裂缝及土、石缝隙中越冬。4月上中旬越冬成虫开始活动，集中到叶背取食和产卵。初孵若虫多群集在主脉两侧为害。第1代成虫6月初发生，7~8月为害最重，9月虫口密度最高，10月下旬后陆续越冬。

◆ 防治方法

1. 冬季彻底清除杂草和枯枝落叶，集中销毁。

2. 在茎干粗糙的植株上刷涂白剂。

3. 越冬成虫出蛰活动到第1代若虫开始孵化的阶段，是药剂防治的最佳时机，每隔10~15天喷施1次，连续喷施2~3次。5月中下旬，当在叶片上若虫群中发现刚羽化的个别白色成虫时，表明第1代若虫已基本孵出。

烟粉虱

属半翅目，粉虱科。主要为害杜鹃、红叶石楠等，还能寄生于多种杂草上。

◆ 形态特征及危害

成虫体淡黄白色，翅白色被蜡粉，卵散产于叶片背面。1龄若虫有触角和足，能爬行迁移，第1次脱皮后，触角及足退化，固定在植株上取食。3龄若虫脱皮后形成蛹，蛹椭圆形。脱下的皮硬化成蛹壳，蛹壳是识别粉虱种类的重要特征。以成虫、若虫刺吸植株汁液为害，造成植株长势衰弱，甚至死亡，并可传播多种病毒。

烟粉虱成虫

◆ 发生规律

1年发生20多代，世代重叠。温度25℃时，在杜鹃花冠网蝽为害条件下，烟粉虱从卵发育到成虫需要18~30天，成虫寿命10~20天。成虫在适合的寄主上平均产卵200粒以上，多产在植株中部嫩叶上。成虫喜欢无风温暖天气，有趋黄性，气温低于12℃停止发育，14.5℃开始产卵，随气温升高，产卵量增加，温度高于40℃时成虫死亡。相对湿度低于60%，成虫停止产卵或死亡。暴风雨能抑制其大发生。

烟粉虱为害状

◆ 防治方法

1. 幼苗定植前清理干净。
2. 保护和利用丽蚜小蜂等天敌。
3. 掌握见虫治虫的原则，零星发生可用药剂防治，需连续多次用药。

七、绣线菊

绣线菊的主要病虫害有叶斑病、白粉病、绣线菊蚜、叶蜂等。

绣线菊蚜

◆ 形态特征及危害

绣线菊蚜以成蚜、若蚜群集为害新梢、嫩叶、叶片。被害叶皱缩不平，向背横卷，影响光合作用。新梢被害后生长不良，影响树冠扩大，严重时可为害幼果。蚜虫分泌的蜜露还容易诱发煤污病。

绣线菊蚜为害状

◆ 发生规律

1年发生10余代，以卵在枝条芽缝或树皮裂缝内越冬。绣线菊萌芽后，越冬卵开始孵化，初孵幼蚜为害芽和嫩叶，叶片长大后，蚜虫集中在叶片背面和嫩梢上刺吸汁液为害。5~6月是全年为害盛期。6月中下旬开始产生有翅雌蚜，向杂草和其他寄主转移。10月产生有性蚜，迁回交尾后产卵越冬。

◆ 防治方法

1. 发芽前，喷施3~5波美度石硫合剂，或45%石硫合剂晶体30~50倍液，或95%机油乳剂50倍液杀灭越冬卵。

2. 蚜虫发生量少，个别新梢被害时，及时将其剪除，防止扩大蔓延。

3. 保护和利用七星瓢虫、草蛉、食蚜蝇、花蝽、蚜茧蜂、蚜小蜂等天敌。

八、紫荆

紫荆的主要病虫害有角斑病、叶枯病、大蓑蛾、刺蛾、蚜虫等。

角斑病

◆ 发病症状

主要为害叶片。发病初期，叶片上出现针头大小的褐色小点，因病菌扩展受叶脉限制，后病斑扩大发展成多角形。严重时，叶片上布满病斑，常连接成不规则形大斑片。潮湿时，病斑上密生黑褐色小霉点，即为病菌的子座，子座上产生灰黑色的分生孢子和分生孢子梗。后期病叶从病斑附近开始褪绿变黄，直至整叶变黄，枯死脱落。

紫荆角斑病叶片正面症状

紫荆角斑病叶片背面症状

◆ 病原及发生规律

病原有两种，为尾孢属紫荆集束尾孢菌和紫荆粗尾孢菌真菌。以病菌在病落叶上越冬。翌年春季温湿度适宜时，孢子经风雨传播，侵染发病。展叶不久后病菌就能开始为害，多从下部叶片先感病，逐渐向上蔓延扩展。

发病与湿度密切相关，多雨季节发病重，高峰期从梅雨季节开始。植株7月出现大量病斑，8月开始落叶，9月常出现下部枝条叶片全部脱落。严重时，叶柄、新梢都能发病，引起枝梢死亡。

◆ 防治方法

1. 加强栽培管理，保持适当植株行距，秋季清除病落叶，减少侵染源。

2. 展叶后，或发病期间用生物农药防治。10天喷1次，连喷3～4次。

叶枯病

◆ 发病症状

主要为害叶片，常引起大半张叶片变红褐色而枯死。发病初期，病斑密集在叶片边缘，呈红褐色，圆形，合并扩大后呈不规则大斑，可占叶面的1/3～1/2，可使全叶皆枯。后期发病部位产生黑色小点，初埋生于组织中，后突出表皮。

紫荆叶枯病症状

◆ 病原及发生规律

病原为叶点霉属紫荆生叶点霉菌真菌。病菌以菌丝或分生器在落地叶上越冬。病菌寄生力强，新叶展开后就可致病，6月初即可见病叶。植株种植过密或湿度大时易发病。

◆ 防治方法

1. 秋季彻底扫除病落叶，并集中销毁，减少侵染来源。

2. 展叶后可使用药剂防治，喷洒40%多菌灵胶悬剂800倍液或70%甲基托布津可湿性粉剂1000倍液、65%代森锌可湿性粉剂500倍液。10～15天喷一次，连续防治2～3次。

九、金叶女贞

金叶女贞的主要病虫害有炭疽病、潜叶跳甲、褶翅尺蠖、软体动物类等。

炭疽病

寄生于金叶女贞、兰花、玉兰、白兰、玉簪等。

◆ 发病症状

金叶女贞炭疽病症状

主要为害叶片，也可为害茎干。叶片发病，常从叶缘和叶尖开始，发病初期叶片上出现圆形、椭圆形红褐色小斑点，后扩大成深褐色病斑，中央由灰褐色转为灰白色，边缘呈紫褐色或暗绿色，有时边缘有黄晕。后期病斑转黑褐色，并产生轮纹状排列的小黑点，即病菌的分生孢子盘。严重时，全叶枯黑死亡。茎干发病，产生圆形或近圆形的病斑，淡褐色，其上轮生黑色小点。

◆ 病原及发生规律

病原为刺盘孢属黑线炭疽菌真菌。病菌以菌丝体和分生孢子盘在病叶或病残体上越冬。翌年病菌以分生孢子为初侵和再侵接种体，借雨水传播，多从伤口处侵染。温暖多湿天气易发病。栽植过密时，叶子相互交叉易传病。

◆ 防治方法

1. 栽植时降低密度，适当修剪，增强内膛的通风透光。增施磷钾肥，增强植株抗病性。

2. 发病初期剪除病叶，清除病残体，减少侵染源。

3. 发病初期可喷比例为1:1:200波尔多液。

潜叶跳甲

属鞘翅目，叶甲科。

◆ 形态特征及危害

成虫椭圆形或圆形，黑色，背面有金属光泽，翅鞘中央有1个椭圆形红色斑块。幼虫淡黄色，体粗短略扁，腹部1~8节两侧有瘤状突起。

成虫取食叶片，形成圆形或不规则小斑点。幼虫潜入皮下，形成弯曲虫道，破坏叶绿体结构，削弱植株光合作用，使大量叶片枯焦。

金叶女贞潜叶跳甲严重为害状

◆ 发生规律

1年发生3代，以老熟幼虫在土层中越冬。翌年4月下旬成虫羽化，5~6月中旬第1代幼虫出现，6月下旬~7月下旬第2代幼虫出现，8月下旬~9月第3代幼虫陆续出现。

◆ 防治方法

1. 初冬清除树干上的地衣、苔藓，堵塞树干缝隙，减少越冬场所。春梢生长期摘除虫叶，及时清除落叶。

2. 为害期建议使用药剂防治，可选用45%丙溴·辛硫磷乳油（国光依它）1000倍液，或20%氰戊菊酯乳油1500倍液与5.7%甲维盐乳油2000倍混合液等药剂进行防治。若发生严重，建议连用2~3次。

褶翅尺蠖

金叶女贞的常见虫害，属鳞翅目尺蛾科，别名桑褶翅尺蛾、桑刺尺蛾。除为害金叶女贞外，也为害紫叶小檗、桑树、国槐、刺槐、白蜡树、栾树、梨、海棠、月季、金银木等。

◆ 形态特征及危害

雌体成虫长14~16mm，翅展40~50mm，体灰褐色，前翅有红、白色斑纹，触角丝状。雄成虫体略小，色暗，触角羽毛状。成虫静止时4翅褶叠竖起，因此得名“褶翅尺蠖”。卵初产时深灰色，孵化前几天由深红色变为灰黑色。老熟幼虫头黄褐色，体绿色，腹部第1节和背部第8节有1对肉质突起。蛹纺锤形，红褐色。茧灰褐色，丝质，附有泥土，紧贴于树干上。

幼虫食叶为害，4月下旬~5月上旬为为害期。1~2龄昼伏夜出，3~4龄食量最大，昼夜取食，食害新叶、老叶、嫩枝，严重时可将全叶吃光，顶部吃秃，仅留枝条，影响树势和观赏效果。由于褶翅尺蠖产卵为聚产，幼虫为害时常引起成片金叶女贞受害，发生期和发生量集中，为害具有突发性和灾害性。褶翅尺蠖虫体保护性很强，观察叶面时不易被发现，但其排粪量很多，检查地面较易发现。

金叶女贞褶翅尺蠖严重为害状

金叶女贞褶翅尺蠖幼虫

◆ 发生规律

褶翅尺蠖1年发生1代，以蛹在土中或树根颈部作茧越冬。翌年3月中旬开始蛹羽化为成虫。成虫白天潜伏，傍晚活动，交尾产卵，卵多产在光滑枝条上，沿枝条排列成长块状，每头雌虫产卵可达700~1100粒，卵期20天左右。4月初卵孵化为幼虫，数小时后即可爬行为害。幼虫共4龄，颜色多变，初产卵时为红褐色，后变为灰绿色。幼虫在小枝上停落时，常头部向腹面卷缩至第5腹节下，以腹足和臀足抱持枝上，受惊后吐丝下垂。5月下旬老熟幼虫爬到距基部6~9cm土中或根颈部，贴树皮吐丝，结茧化蛹越夏和越冬。

◆ **防治方法**

1. 发生期人工捕杀幼虫，用黑光灯诱杀成虫。秋冬季节人工挖蛹。

2. 结合修剪，剪除带卵块枝条。2~3月上中旬查卵，摘除卵块并销毁。

3. 保护和利用如鸟类、蜘蛛、寄生性天敌等。

4. 幼虫2龄前，喷含量为100亿芽孢/mL的无公害生物农药BT乳剂1000倍液，连续2~3次，每次间隔4~5天，或青虫菌6号悬浮剂1000倍液。成虫羽化出土盛期前，土中喷50亿孢子/克白僵菌粉，防出土成虫。

软体动物类

软体动物多喜阴湿环境，常在阴雨高湿天气或种植密度大时发生严重。主要种类有蜗牛、蛞蝓等。

蜗牛　形态特征及危害

蜗牛属软体动物门，腹足纲，蜗牛科。苏州常见的是灰巴蜗牛，有触角2对，前触角较短，后触角较长，并在顶端长有黑眼。贝壳椭圆形，壳顶端尖，自左向右旋转，第5圈后突然扩大。卵圆形乳白，幼贝贝壳淡褐色。啃食花、芽、嫩茎及果，导致叶片缺刻、孔洞及幼苗倒伏、果实腐烂。

灰巴蜗牛

◆ 发生规律

灰巴蜗牛1年发生1代，寿命达1年以上。白天成贝与幼贝在砖块、花盆或叶下栖息，晚间活动取食，阴天也可整天活动取食。成贝产卵于松土内，初孵幼贝群集为害，以后分散。

蛞蝓　形态特征及危害

蛞蝓俗称鼻涕虫，雌雄同体，为腹足纲，柄眼目。蛞蝓体分为头、躯干、足三部分。头上有触角2对，触角顶端有眼。体背有2条灰白色纵线。足在身体下方，以明显的环状沟纹将头与躯干分开。蛞蝓可分泌透明的胶状液体。啃食花卉和绿化观叶植物的花、芽、嫩茎。

蛞蝓

◆ 发生规律

寿命1~3年。白天隐蔽，夜出活动取食和繁殖。喜温湿，畏光，最适温度为12~20℃。温度25℃时，潜入土隙砖石中。温度30℃以上时，土壤干燥，蛞蝓大量死亡。

◆ 防治方法

1. 发生量较小时，可人工捡拾。

2. 可在树木周边撒石灰粉灭杀成贝、幼贝，用量为75~112.5kg/公顷。

3. 在为害期，可撒施8%灭蜗灵颗粒剂或用蜗牛敌（10%多聚乙醛）颗粒剂防治。

十、八角金盘

八角金盘的主要病虫害有炭疽病、煤污病、黄化病、日灼病、蚜虫等。

炭疽病

◆ 发病症状

发病初期，受害叶片、叶柄和茎干出现黄褐色斑点，叶上病斑呈圆形，后扩大为不规则大斑块，严重时叶片卷曲、枯萎。

八角金盘炭疽病前期症状

八角金盘炭疽病中期症状

八角金盘炭疽病后期症状

◆ 病原及发生规律

病原为炭疽菌属胶孢炭疽菌。病菌以菌丝体、分生孢子或分生孢子盘在寄主残体或土壤中越冬。老叶从4月初开始发病，5~6月间病情迅速发展，新叶则从8月开始发病。分生孢子靠风雨、浇水等传播，多从伤口处侵染。

◆ 防治方法

1. 清除感染严重的植株和叶片，减少侵染来源。

2. 发病初期，使用药剂防治。

十一、海桐

海桐的主要病虫害有吹绵蚧、海桐木虱等。

吹绵蚧

主要为害月季、海棠、海桐、金橘等。

◆ 形态特征及危害

雌成虫橘红色，背面隆起，体外被有黄白色的蜡质粉及絮状纤维，腹部后方有白色卵囊，囊上有14~16条纵条纹，卵产于囊中。若虫和成虫群集在枝叶上，刺吸汁液为害。严重时，叶片发黄，枝梢枯萎，引起落叶，影响植株生长，可诱发煤污病，甚至导致全株枯死。

吹绵蚧卵囊

吹绵蚧为害状

◆ 发生规律

1年发生2~3代，以若虫和带卵囊的雌虫在枝干上越冬。翌年3~4月雌虫开始产卵，初龄若虫活泼，多在叶背主脉两侧或新梢上为害，后逐渐移至外围小枝或侧枝背阴面群集刺吸为害，10~11月后以各种虫态越冬。

◆ **防治方法**

1. 冬季清园，早春修剪，减少越冬虫口基数。增施有机肥，增强树势。

2. 植物发芽前，喷3~5波美度石硫合剂，防治越冬代若虫和雌虫。若虫盛孵期和第1龄若虫期，用对天敌杀伤小的药剂防治。

3. 保护和利用大红瓢虫、澳洲瓢虫等天敌。

海桐木虱

海桐木虱是海桐上最为常见、发生最普遍的一种虫害。

◆ **形态特征及危害**

成虫体小，淡青色，善于跳跃，成虫、若虫取食后，排泄物附在腹末，成一长条白色蜡丝。通常静止时成虫无翅类型呈屋脊状，若虫个体较小，背腹扁平。

海桐木虱排泄的长条白色蜡丝

受害的海桐叶片向正面卷曲

海桐木虱为害嫩叶、嫩芽

海桐木虱诱发的煤污病

成虫、若虫均聚集嫩芽上，吸食汁液为害，导致被害芽生长受阻，海桐叶片向正面卷曲（像未展开的正常新叶），发生严重会影响叶片伸展，还易诱发煤污病。

◆ 发生规律

1年可发生2~5代，各代重叠发生。可全年为害，春、夏、秋季为害重。

◆ 防治方法

1. 春季结合修剪将受害梢、新叶剪掉，集中处理。
2. 勤观察，早发现早防治。

十二、十大功劳

十大功劳的主要病虫害有阔叶十大功劳炭疽病、狭叶十大功劳白粉病等。

阔叶十大功劳炭疽病

◆ 发病症状

主要为害叶片，叶缘或叶上初生圆形或不规则形病斑，较大，褐色。后期病斑中央变为灰褐色或灰白色，外缘有明显的红黄色晕圈，病斑上出现轮状排列的黑色小粒点，即病原菌分生孢子盘。分生孢子盘初期埋生于表皮下，成熟后突破表皮，呈黑褐色，刚毛暗色。

阔叶十大功劳炭疽病症状

阔叶十大功劳炭疽病后期症状

◆ 病原及发生规律

病原为刺盘孢属真菌，以分生孢子盘在病叶上或随病落叶在土中越冬。翌年，分生孢子通过风雨传播，扩大为害。新、老叶片均可感病，雨水多、湿气滞留、株丛过密、通风不良等条件下发病重。

◆ 防治方法

1. 栽植在通风处，避免过阴过湿。雨后及时排水，防止湿气滞留。

2. 发病后及时摘去病叶并销毁，减少侵染源。

3. 结合施用叶面肥药剂防治，如氨基酸螯合肥、钾肥等，增强植株抗病性。

狭叶十大功劳白粉病

◆ 发病症状

主要为害叶片。生长季节，叶片上出现白色小粉斑，后逐渐扩大为圆形或不规则形，严重时相互连接成片。

◆ 病原及发生规律

病原为单丝壳属单丝壳菌。病菌以菌丝体在病叶中越冬。翌年病菌随芽萌发而活动，侵染幼嫩部位，产生新的孢子，借风雨等传播。

狭叶十大功劳白粉病症状

5~6月及9~10月发生严重。夜间温度较低，在15~16℃之间，相对湿度较高时，有利于孢子萌发和侵入；白天温度在23~27℃之间，湿度较低时，有利于孢子的形成及释放。

◆ 防治方法

1. 改善种植条件，通风透光，避免施过多的氮肥，适当多施磷肥。

2. 结合修剪去除病枝、病芽和病叶，减少侵染源。

3. 发病初期可用药剂防治。

十三、枸骨

枸骨的主要病虫害有煤污病、根腐病、红蜡蚧等。

红蜡蚧

又名红龟蜡蚧，属半翅目，蜡蚧科。主要为害枸骨、阔叶十大功劳、月桂、栀子花、桂花、蔷薇、月季、玫瑰、山茶、樱花等。

◆ 形态特征及危害

雌成虫椭圆形，背面覆盖有较厚暗红色或紫红色的蜡壳。雄成虫暗红色，前翅1对，白色半透明。若虫初孵时扁平椭圆形，淡紫红色，腹端有2根长毛，后期壳为淡红色，周缘呈芒状。

成虫和若虫密集寄生在枝干和叶片上吮吸汁液为害。雌虫多在枝干和叶柄上为害，雄虫多在叶柄和叶片上为害，分泌的蜜露易诱发煤污病。

枸骨红蜡蚧雌成虫为害状

◆ 发生规律

1年发生1代，以受精雌成虫在枝干上越冬。一般5月中旬开始产卵，5月下旬达盛期，6月中旬为卵孵化盛期，初孵若虫多在晴天中午爬离母体，如遇阴雨天则会在母体蚧壳内爬行，后陆续固着在枝叶上为害。

初孵若虫期，新叶、嫩梢上若虫密布，犹如白色星点，此时为药剂防治适期。8月中旬~9月上旬成虫发育成熟，开始扩散传播。

◆ 防治方法

1. 发生初期，及时剔除虫体或剪除多虫枝叶，集中销毁。

2. 初孵若虫期可进行化学防治。

3. 保护和利用红蜡蚧扁角跳小蜂、蜡蚧扁角跳小蜂、蜡蚧扁角（短尾）跳小蜂、赖食软蚧蚜小蜂等天敌。

十四、洒金桃叶珊瑚

洒金桃叶珊瑚的主要病虫害有炭疽病、日灼病等。

炭疽病

◆ 发病症状

叶片受害，初现褪色小点，后呈近圆形的淡黄色或黄褐色病斑，扩大后边缘不规则，其上生有微微隆起的黑色小点，雨后长出黄色卷丝状的分生孢子角。秋季病斑上形成突起的黑色小点。

洒金桃叶珊瑚炭疽病叶片、枝干受害状

◆ 病原及发生规律

病原为榆大原氏日规壳菌、榆日规壳菌真菌。病菌子囊壳于10~11月成熟，在落叶病组织中越冬。翌年5~7月，子囊孢子放射经气流传播，进行初次

洒金桃叶珊瑚炭疽病、日灼病并发状

侵染。高温、高湿有利于发病，植株过密、施氮肥过多、生长衰弱、伤口多等可加重发病。

◆ **防治方法**

1. 盛夏发生突发性较强风雨时，及时清除病叶及病落叶，减少侵染范围。
2. 加强管理，增强植株生长势，提高植株抗病能力，夏季预防日灼病。
3. 发病严重时用药剂防治。

十五、栀子花

栀子花的主要病虫害有黄化病、斑枯病、煤污病、蚜虫、跳甲等。

黄化病

是由于栽培条件不适引起的一种生理性病害。栀子花、小叶栀子花、香樟、女贞、山茶、杜鹃等多种植物都会发生缺铁性黄化病。

◆ 发病症状

病害一般发生在春季，栀子花抽发新梢嫩叶时。枝梢顶端幼嫩叶片叶肉褪绿变为黄色，叶脉及近叶脉叶肉仍保持绿色，而形成绿色网纹状叶片。一般由叶尖向下扩展，直至全叶变黄白色，随病情发展，中下部叶片都变为黄色，直致全株均表现为黄化叶。发病情严重时，叶尖叶缘出现褐色坏死斑，并向内向下扩展，最终导致全株焦枯、坏死。

栀子花黄化病症状

小叶栀子花黄化病症状

◆ 病原及发生规律

病因是土壤缺铁元素或土壤中的铁元素不能被利用，土壤碱性偏重，石灰质过多。

◆ 防治方法

1. 增施有机肥，使土壤呈微酸性。

2. 因地制宜施用酸性土，根部松土后施入有机混合肥，配方为有机肥+硫酸亚铁+尿素（5∶0.5∶0.125）；注意硫酸亚铁一般不能单独施用，有机肥必须充分腐熟；或用0.5%硫酸亚铁+0.05%柠檬酸水溶液，或2%硫酸亚铁+0.2%柠檬酸+3%尿素+0.02%赤霉酸水溶液于叶面喷雾或树干注射。应急时可于叶面喷施0.1%硫酸亚铁进行防治。

3. 黄化严重、树冠萎缩的植株，治疗效果常不明显，建议挖除并换土后补植健康苗木，或换种其他植物。

十六、苏铁

苏铁的主要病虫害有叶斑病、日灼病、蚧壳虫等。

叶斑病

◆ 发病症状

发病初期，叶片出现淡褐色小点，后逐渐扩大为圆形或不规则形病斑。病斑边缘红褐色，中央暗褐色或灰白色。后期在病斑上产生散生或聚生黑色小粒点。严重时，大部分叶片干枯，易破碎断裂。

苏铁叶斑病症状

◆ 病原及发生规律

苏铁叶斑病由苏铁白斑病和苏铁叶枯病的病原真菌引起。苏铁白斑病病原为苏铁壳二孢菌，苏铁叶枯病病原为盾壳霉属橄榄色盾壳霉真菌。病菌以分生孢子器或菌丝体在被害叶片上越冬，次年形成分生孢子，借风雨传播蔓延。通常每年4~10月发病，为害严重期为8~9月。

栽培土壤瘠薄，通风环境差，土壤黏重、排水不良引起的根腐，或因冬季的防寒措施不佳发生的冻害，都易引起叶斑病。

◆ 防治方法

1. 选用排水良好、疏松、肥沃的酸性沙质壤土，施入适量的饼肥，定期浇灌0.5%硫酸亚铁溶液。

2. 冬季尽早采取防寒措施。春季新叶展开后，剪除下部老叶和病枯叶。

十七、五针松

五针松的主要病虫害有叶枯病、松针落叶病、蚜虫等。

叶枯病

◆ 发病症状

发病初期，针叶尖端发黄，由叶尖向下一段一段变黄，段斑颜色渐深。严重时，针叶全叶枯死，呈褐色或灰褐色，产生许多沿气孔排列的黑色小点，即病菌的子座和分生孢子梗丛。当病害蔓延到全部叶片时，植株即枯死。

五针松叶枯病症状

◆ 病原及发生规律

病原为尾孢属赤松尾孢菌。病菌以菌丝体在寄主病叶中越冬，或随病落叶在土壤中越冬。翌年5月上旬产生分生孢子，随风雨传播。8月为发病盛期，9月以后病害逐渐停止蔓延，10月以后病叶枯死，但一般不脱落，严重时，整株枯死。以黑松为砧木的五针松染病较重。

◆ 防治方法

1. 及时清除病叶，集中销毁。

2. 选用无病黑松作砧木，以防砧木带菌。

3. 加强养护管理，增施酸性有机肥，使土壤呈微酸性。

4. 5~7月，每隔半月喷洒1次比例为1:1:100的波尔多液。

十八、蚊母树

蚊母树的主要病虫害有杭州新胸蚜等。

杭州新胸蚜

又称蚊母瘿蚜，半翅目，扁蚜科，新胸蚜属。

◆ 形态特征及危害

有翅孤翅蚜体长卵形，头、胸黑色，体黑灰色，尾片末端圆形，有横行微刺。干母嫩黄色，初孵若虫体扁平，近透明，体侧有6对以上较长毛。干母经两次蜕皮后体形变为半球形，腹末两侧出现白色蜡丝，尾片末端圆形，有毛8根，左右对称。卵椭圆形，浅灰色。

干母刺吸为害新叶，叶片被害后在虫体四周隆起，逐渐将虫体包埋形成虫瘿，虫瘿继续生长，可至黄豆大小，最大可接近蚕豆人小。5~6月，虫瘿变红、破裂，有翅迁飞蚜飞出，迁往第二寄主为害。

杭州新胸蚜绿色虫瘿

杭州新胸蚜虫瘿破裂

◆ 发生规律

每年11月蚜迁回蚊母上产生孤雌胎生有性蚜，有性蚜觅偶交配产卵在叶芽内。在蚊母芽萌动时，卵孵化，干母刺吸叶片，使叶片产生凹陷，将干母包埋，形成虫瘿。4月下旬~5月上旬，干母胎生有翅迁飞蚜，每干母可孤雌胎生50多头。6月上旬，虫瘿破裂，有翅迁飞蚜飞出，迁往寄主越夏。

◆ 防治方法

1. 秋季和生长季修剪灌木，剪除虫瘿并销毁，减少虫源。

2. 5月虫瘿未破裂前摘除受害叶片并销毁，避免有翅迁飞蚜飞出。

3. 11月底~12月对蚊母喷施药剂，防治迁回蚜和有性蚜。当蚊母刚展叶时、虫瘿尚未封口前，可继续喷一次药剂防治干母蚜。

十九、绣球花

绣球花又称八仙花，主要病虫害有炭疽病、日灼病、叶斑病、黄化病等。

炭疽病

◆ 发病症状

主要为害叶片。病斑初为褐色小点，扩大后呈圆形，边缘为紫褐色或蓝黑色，中央为浅褐色或灰白色，具轮纹，有轮生的小黑点突起。病斑大小不一，小的仅1mm，大的可达10mm。

绣球花炭疽病症状

◆ 病原及发生规律

病原为刺盘孢属八仙花刺盘孢真菌。病菌以菌丝体或分生孢子盘在病残体上越冬。翌年病菌产生分生孢子，借风雨传播，多从伤口侵染为害，在生长季节可重复侵染。6~9月为发病期。阴雨、潮湿的天气有利于病害发生。

◆ 防治方法

1. 加强栽培管理，保证良好的光照、温度条件，合理浇水、施肥。

2. 清除病落叶并集中销毁，严重病株可齐地面砍去，让其重新生长新枝。

3. 发病初期可喷施百菌清（或甲基托布津）加新高脂膜进行防治。

叶斑病

绣球花上常见病害之一。

◆ 发病症状

主要为害绣球花叶片。叶片受侵染后会出现暗绿色、水渍状的小斑点，逐渐扩大到1~3mm，最大可达15mm左右。后期病斑暗褐色，中心部分变灰白色，边缘部分紫褐色，略隆起。病部产生黑色小粒点。

绣球花叶斑病症状

◆ 病原及发生规律

病原为叶点霉属绣球花叶点霉菌。病菌在落在土表的被害叶内越冬。翌年绣球花重新展叶之后，病菌也开始活动，从分生孢子器中产生分生孢子，借雨水飞溅传播。通风不良时容易发病。

◆ 防治方法

1. 清除病残体，深翻土地，减少侵染源。

2. 发病初期可用药剂防治，隔10天左右1次，防治2~3次。

二十、木芙蓉

木芙蓉的主要病虫害有白粉病、扶桑绵粉蚧、角斑毒蛾、蚜虫等。

扶桑绵粉蚧

又名棉花粉蚧，属半翅目，粉蚧科，绵粉蚧属，是我国新发现的一种外来入侵检疫性有害生物。扶桑绵粉蚧寄主植物有很多，如木芙蓉、扶桑、向日葵等。

◆ 形态特征及危害

雌成虫一般被有薄蜡粉，刚蜕皮时身体淡绿色，背部有一系列的黑斑。除去蜡粉后，在胸背面和腹部背面各有2条黑斑。卵产在白色棉絮状的卵囊里。

主要为害植物幼嫩部位，包括嫩枝、叶片、花芽和叶柄，以雌成虫和若虫吸食汁液为害。使受害植株长势衰弱，生长缓慢或停止，失水干枯，花蕾、幼铃等脱落。分泌的蜜露会诱发煤污病，严重时可造成植株成片死亡。

木芙蓉枝干扶桑绵粉蚧为害状

木芙蓉顶芽扶桑绵粉蚧为害状

◆ 发生规律

1年发生12~15代，以卵或其他虫态在植物上或土壤中越冬。扶桑绵粉蚧繁殖能力强，种群增长迅速，世代重叠严重。单头雌性成虫产卵量为200~862粒，卵期很短，一般在母体内孵化。1龄若虫行动活泼，从卵囊爬出后短时间内即可取食为害。

◆ 防治方法

1. 严格检疫，加强虫情监察，早发现，早防治。
2. 为害严重时，用药剂防治。
3. 保护和利用瓢虫等天敌。

天敌瓢虫捕食扶桑绵粉蚧

第三部分　常见花草主要病虫害识别和防治

一、菊花

菊花的主要病虫害有褐斑病、灰霉病、花腐病、病毒病、菊长管蚜等。

褐斑病

◆ 发病症状

又名菊花斑枯病，是菊花栽培品种上常见的重要病害。从植株的下部叶片先发生，病斑散生。发病初期，茎基部叶片出现不规则暗褐色小斑点，后逐渐扩大成圆形、椭圆形或不规则形病斑。发病后期，多个病斑连结成大斑块。病斑中央转浅灰色，散生不甚明显的小黑点，为病菌分生孢子器。发病严重时，全叶焦黑坏死、干枯脱落。

菊花褐斑病中期症状

菊花褐斑病后期症状

◆ 病原及发生规律

病原为壳针孢属菊壳针孢菌。病害发生期4~11月，8~10月为发病盛期。病菌以菌丝体和分生孢子器在病残体或土壤中的病残体上越冬，成为次年的初次侵染来源。秋雨连绵，种植密度或盆花摆放密度大，通风透光不良等均有利于病害的发生。连作、老根、留种及多年栽培的菊花均比较严重。

◆ 防治方法

1. 在菊花生长期间或冬春季节时，及时清除病叶并集中销毁。

2. 植株营养生长期施用氮、磷、钾复合肥，防止徒长，加强通风、透光，浇水时避免淋湿下部叶。

3. 发病初期及时使用药剂防治，尤其是8~10月。

灰霉病

◆ 发病症状

主要为害菊花叶、茎、花等部位。叶受害时，叶片边缘出现褐色病斑，叶柄和花柄先软化，然后外皮腐烂。潮湿环境下，病部产生大量灰色霉层，为病菌的分生孢子梗和分生孢子。

菊花花部的灰色霉层（分生孢子）

菊花灰霉病症状

◆ 病原及发生规律

病原为葡萄孢属灰葡萄孢菌。病菌主要以菌丝体、分生孢子随病残体在土壤中越冬。低温多湿、高湿多雨、氮肥施用过多、栽植过密、土质黏重等都有利于灰霉病的发生。

◆ 防治方法

1. 栽培土或盆栽土使用无病菌新土。

2. 及时清除病叶、病株，并集中烧毁或深埋，防止病害传播蔓延。

3. 加强栽培管理，改善通风透光条件，不偏施氮肥，雨季开沟排水。

4. 发病初期喷0.3～0.5波美度石硫合剂等杀菌剂。

菊长管蚜

◆ 形态特征及危害

又名菊姬长管蚜。无翅孤雌蚜长约1.5mm，体呈纺锤形，赭褐色至黑褐色，具光泽。触角比体长，除3节色浅外，其余均为黑色。腹管基部宽，有瓦状纹，端部渐细，具网状纹，腹管、尾片全为黑色。有翅孤雌蚜长约1.7mm。

菊长管蚜多群集在芽心嫩尖等处刺吸汁液为害，使花芽、嫩叶、嫩梢等卷缩、扭曲、发黄、变形，不能伸展，最终枯萎。菊长管蚜排泄的蜜露会诱发煤污病，4~6月发生严重，该虫还可传播病毒。

菊花菊长管蚜为害状

菊花菊长管蚜为害状

◆ 发生规律

1年发生10多代，南方温暖地区全年为害菊属植物，一般不产生有翅蚜，多以无翅蚜在菊属寄主植物上越冬。翌年4月菊属植物等成活后，有翅蚜迁到植株上，产生无翅孤雌蚜进行繁殖和为害。6月以后气温升高，降雨多，蚜量下降；8月后虫量略有回升。秋季气温下降，开始产生有翅雌蚜，迁飞到其他菊属植物上产卵越冬。

◆ 防治方法

1. 清除残枝落叶及地边杂草，并集中烧毁，减少越冬虫口。

2. 保护和利用蚜茧蜂、食蚜蝇、瓢虫、草蛉、捕食螨等天敌。

3. 蚜虫发生数量少时，用烟叶水刷净，刷时避免损伤嫩芽幼叶。烟叶水制作方法：烟叶50g加水750g，浸泡24小时。

4. 蚜虫发生数量多时，可喷2.5%鱼藤乳油1000～1500倍液或200～400倍中性洗衣粉液。

二、大丽花

大丽花的主要病虫害有灰霉病、青枯病、白粉病、红蜘蛛等。

灰霉病

大丽花、秋海棠、四季海棠、天竺葵、仙客来、一串红、瓜叶菊、万寿菊、绣球花、芍药、月季、夹竹桃等易发生灰霉病，尤以温室栽培植物发病重。主要为害叶片、叶柄及花冠等部位。

◆ 发病症状

发病初期，叶缘部分常出现暗绿色水渍状病斑。病斑扩展较快，可能会蔓延至整个叶片。使叶片变为褐色，并迅速干枯。在湿度大的条件下，腐烂部分长出密实的灰色霉层。

大丽花灰霉病症状

一串红灰霉病症状

◆ 病原及发生规律

病原是葡萄孢属灰色葡萄孢霉菌。病菌以菌核、菌丝体或分生孢子在病叶等病株残体或其他病组织内越冬。分生孢子借助风雨传播，可从伤口侵

万寿菊灰霉病症状

绣球花灰霉病症状

入，多次再侵染。温度20℃、相对湿度90%以上时利于发病，一年中有两次发病高峰，分别为6~7月梅雨季节和10月开花期。10月后，植株外围生长衰弱的老叶发病腐烂。

◆ 防治方法

1. 温室内可采取适当降低湿度、通风透光等措施。

2. 及时清除病花、病叶，拔除重病株，并集中处理销毁，减少侵染来源。

3. 定植时施足底肥，适当增施磷钾肥，控制氮肥用量。避免在阴天和夜间浇水，最好在晴天的上午浇水，浇水后应通风排湿，一次浇水不宜太多。

4. 在生长季节或5月下旬梅雨季节时进行喷药保护，建议使用药剂防治。为了避免产生抗药性，要注意交替和混合用药。

三、金鸡菊

白粉病

除为害金鸡菊外，还为害马鞭草、黄金条等。

◆ 发病症状

主要侵染金鸡菊叶片、叶柄等。发病期间，叶片、嫩梢上布满白色粉层。严重时，病叶皱缩向外卷曲，嫩梢向下弯曲或枯死，叶片提早脱落或枯死。

金鸡菊白粉病症状

◆ 病原及发生规律

病原为单囊壳属棕丝单囊壳菌。病菌以闭囊壳在病落叶、病残体上越冬。翌年条件适宜时，子囊孢子引起初侵染，生长季节产生分生孢子多次再侵染，后期病部形成黑色闭囊壳，为病害的初侵染源。病害一般从4月中上旬始发，6月中下旬达到发病高峰期，7月初开始停止发展。

◆ 防治方法

1. 通风透光，增施磷钾肥，氮肥要适量。
2. 及时将病叶剪除并集中销毁。
3. 发病初期，使用药剂防治。7~10天喷1次，连续2~3次。

四、玉簪

玉簪的主要病虫害有炭疽病、日灼病、霉病、灰斑病、蚜虫等。

炭疽病

◆ 发病症状

玉簪炭疽病症状

主要为害叶片，也能为害茎。叶片上病斑为近圆形、椭圆形或不规则形，扩大后病斑横径可达1~2cm。病斑为灰白色或灰褐色，边缘色较深，其外有黄绿色晕环，其上生有小黑点。潮湿时，病斑出现小黑点或朱红色液点。病斑可连接成不规则形，后期病斑破碎形成穿孔。发病严重时，使感病叶枯，茎、叶柄和花梗形成长条形病斑。

◆ 病原及发生规律

病原为刺盘孢属黑线炭疽菌真菌。病菌以菌丝体和分孢盘在病叶或病残体上越冬。翌年分生孢子借雨水溅射传播，进行初侵染和再侵染，从伤口侵入。温暖多湿天气易发病。栽植过密、叶片相互接触摩擦产生伤口，会增加感病机会。施氮肥过多，夏季高温日灼，也会加重发病。

◆ 防治方法

1. 加强养护管理，增施磷钾肥，避免偏施氮肥。
2. 地栽，雨后清沟排渍降湿；盆栽，适当放宽距离。
3. 清除病叶及病残体并集中销毁，减少侵染源。
4. 发病初期可用药剂防治。

五、兰花

兰花的主要病虫害有炭疽病、细菌性软腐病、白绢病、蚧壳虫、蚜虫、红蜘蛛等。

炭疽病

主要为害春兰、蕙兰、建兰、墨兰、寒兰、宽叶兰等兰科植物。

◆ 发病症状

主要为害叶片。初期病斑呈圆形或椭圆形黑色小斑，后逐渐扩大。后期病斑中央呈淡褐色，边缘呈暗褐或黑褐色，并散生小黑点。病斑相互愈合成大斑，病健部界限清楚。病斑扩展常受叶脉限制，叶尖上病斑常呈三角形，从叶尖部位向下扩展蔓延。有时纵向破裂，使叶片形成穿孔。老叶一般于4月开始发病，新叶从8月开始发病。

◆ 病原及发生规律

病原为炭疽菌属胶孢炭疽菌真菌。病菌以菌丝体和分生孢子盘在病叶或遗落土中的病残体上越冬。翌年产生分生孢子，借雨水、昆虫、气流等传播，从叶片气孔和伤口侵入，多从生长衰弱的老叶片上开始发病。5~6月高温多雨、连续阴雨时，或9~10月秋雨台风多时发病尤盛。尤其高湿闷热、时晴时雨或阵雨天气，肥水管理不善，植株栽植过密，叶片交错擦伤，植株冻害等均可加重发病。

兰花炭疽病症状

◆ 防治方法

1. 选用优良抗病品种，如建兰的“铁梗素”品种。

2. 加强养护管理，不要种植过密，避免冻害和霜害，浇水时不要淋浇。合理施肥，增施磷钾肥。

3. 及时清除落叶，拔除病叶、残叶，并集中销毁。

4. 发病严重时，可用药剂防治。

细菌性软腐病

主要为害兰花、君子兰、菊花、大丽花、蝴蝶兰、花叶万年青、秋海棠等多种绿化观赏植物。

◆ 发病症状

主要为害叶片。发病初期，叶片上出现水渍状病斑，而后迅速扩大，病组织腐烂呈半透明状，病斑周围有黄色晕圈，晕圈呈宽带状。温湿度适宜条件下，病斑扩展快，致全叶腐烂解体呈湿腐状。

◆ 病原及发生规律

病原为两种软腐病病原细菌，分别为菊欧文氏杆菌和软腐欧文氏菌黑茎病变种。6~10月为发病期，6~7月发病重。细菌由伤口或生理裂口侵入。潜育期短，仅2~3天，生长季节会多次再侵染。高温、高湿条件有利于发病，其中高湿是影响发病的主要因素。

蝴蝶兰细菌性软腐病症状

◆ 防治方法

1. 使用杂交抗病品种。

2. 加强养护管理，减少伤口，及时排水，降低湿度。

3. 发病前或发病初期用药剂防治，防止病害蔓延。

白绢病

白绢病又名茎基腐烂病，病菌可侵染多种花卉、苗木、草坪等，寄主植物多达100科500多种。为害兰花植物如洋兰、东亚兰、报岁兰、四季兰、文心兰、蝴蝶兰、寒兰等。

◆ 发病症状

发病初期，兰花近地面根颈部初呈水渍状病斑，产生白色菌丝。病情进一步发展，根颈部皮层腐烂，并溢出褐色汁液，根颈部全部覆盖绢丝状白色菌丝层，后期产生大量茶褐色油菜籽大小的菌核。植株地上部表现为叶片变小发黄，严重时全株腐烂枯死。

白绢病症状

◆ 病原及发生规律

病原为半知菌亚门小核菌属齐整小核菌。

病菌以菌丝体在植株根颈部或以菌核在土壤中越冬（夏），翌年条件适宜，菌丝萌发，并在土中蔓延，从兰叶基部侵入。菌核也是病害主要初侵染来源，菌核对不良环境抵抗力强，自然条件下，可在土壤中存活5~6年。菌核可借流水、灌溉水、雨水和施肥等传播。远距离传播通过带菌苗木。土质黏重，排水不良，高温多雨，土壤偏碱性，有利发病。

菌丝生长最适温度为25~32℃，最低温度8~9℃，最高温度42℃。菌核萌发最适温度为21~30℃。病菌不耐低温。

◆ 防治方法

1. 酸性土壤可用消石灰每亩100~150kg中和，或多用充分腐熟的有机肥。

2. 及时拔除病株并集中销毁。

3. 利用木霉菌防治白绢病，用培养好的木霉菌0.4~0.45kg加50kg细土，混匀后撒覆在病株基部，每亩1kg，能有效控制病害发展。

4. 发病初期施用40%五氯硝基苯，或15%三唑酮（粉锈宁）可湿性粉剂，或50%甲基立枯磷（利克菌）可湿性粉剂1份，对细土100~200份，撒在病部根茎处。也可喷20%甲基克枯磷乳油1000倍液，每7~10天1次，防治1~2次。

六、一叶兰

一叶兰的主要病虫害有炭疽病、褐圆盾蚧等。

炭疽病

◆ 发病症状

多发生在叶缘或叶面。病斑近圆形，呈灰白色或灰褐色，外缘呈黄褐色或红褐色，后期出现轮状排列的黑色小粒点。除叶片外，病菌也侵染叶柄和茎干，产生长条形病斑。

◆ 病原及发生规律

病原为炭疽菌属胶孢炭疽菌。病菌在土壤中或病叶组织上越冬。病菌借气流或淋水传播，进行初侵染及再侵染。南方每年有2~3个发病高峰，北方只有1个发病高峰。连续降雨、降雨量大的条件下发病重。

一叶兰炭疽病症状

◆ 防治方法

1. 及时剪除并烧毁病叶，减少侵染源。
2. 雨季来临前，建议使用药剂防治。每10天喷1次，防治3~4次。
3. 喷施0.5%磷酸二氢钾或双效微肥300倍液，有利于增强植株抗病性。

七、吊兰

吊兰的主要病虫害有炭疽病、黑斑病、白绢病等。

炭疽病

◆ 发病症状

主要为害叶片。受害叶片初期出现黄褐色略下陷的小点，逐渐扩大为暗褐色圆形或半圆形点。若病菌从叶缘侵入，病斑多为半圆形或不规则形。若从叶尖发病，病斑向下延伸造成叶尖枯干，枯死部分面积可达叶片总面积1/5～3/5。若从叶基为害，病叶迅速干枯，严重时导致整株死亡。后期病斑变为灰褐色，中央灰白色，病斑上散生小黑点。湿度大时小黑点呈朱红色，严重时病斑扩展，导致全叶枯死。

吊兰炭疽病症状

◆ 病原及发生规律

病原菌为炭疽菌属兰炭疽菌真菌。病菌以菌丝体及分生孢子盘在病落叶或病叶上越冬。翌年春末形成孢子，借风雨传播。主要从伤口侵入，也可直接侵入幼嫩叶片。每年3~11月均可发生，4~6月为高峰期。

◆ 防治方法

1. 合理密植，加强通风透气；增施磷钾肥，提高植株抗病力；雨后及时排水，防止田间湿度变大；适时浇水，避免土壤湿度过大；地栽的，雨后清沟排渍降湿。

2. 发病前喷比例为1:1:100的波尔多液保护剂。发病期使用药剂防治，隔7~10天喷1次，连喷3~4次。杀菌剂应轮换使用，效果更好。

八、万年青

万年青的主要病虫害有炭疽病、叶斑病、褐软蚧等。

炭疽病

◆ 发病症状

主要在叶缘或叶尖处，可引起叶片枯黄。发病初期，病斑为黄色或黄褐色小斑，水渍状，扩展后变为褐色，多呈半圆形、圆形、不规则形，四周有黄色晕圈。发病后期，病斑中央组织变为灰白色，边缘深褐色、较宽，其上生有黑色小点粒。

万年青炭疽病症状

◆ 病原及发生规律

病原为炭疽菌属胶孢炭疽菌真菌。病菌以菌丝体在寄主残体或土壤中越冬。翌年4月初老叶开始发病，5～6月温度在22～28℃时发展迅速，高温高湿的多雨季节发病严重。分生孢子借气流、雨水传播，从伤口侵入。

◆ 防治方法

1. 控制湿度，加强通风，适当增加光照，摆放不宜过密。
2. 偏施高钾、高钙、高镁肥料，提高植株抗病能力。
3. 发病初期摘除病叶并销毁。
4. 发病严重时，使用药剂防治。

九、芍药（牡丹）

芍药和牡丹的主要病虫害有叶斑病、白绢病、锈病、蛴螬、蚜虫、红蜘蛛等。

叶斑病

主要为害芍药、牡丹。

◆ 发病症状

发病初期，新叶背面出现绿色针头状小点，后扩展成同心轮状病斑，病斑中央淡黄色，边缘紫褐色，严重时病斑连成一片，全叶枯焦。潮湿条件下，病斑背面出现暗绿色霉层。

牡丹叶斑病症状

芍药叶斑病症状

◆ 病原及发生规律

病原为枝孢霉属牡丹枝孢霉菌真菌。病菌以菌丝体和分生孢子在病组织和枯枝落叶病残体内越冬，翌年春季产生分生孢子侵染植株，形成初次侵染，发病期间多次再侵染，严重时造成早期落叶。

◆ 防治方法

1. 保持株间通风透光，摘除病叶，秋末收集枯枝落叶并销毁。

2. 早春萌芽前可喷3波美度石琉合剂，发病前或发病初期喷比例为1∶1∶100的波尔多液等药剂。在梅雨季节和9月中上旬各喷1次。

十、美人蕉

美人蕉的主要病虫害有花叶病（病毒病）、锈病、蚜虫、卷叶虫等。

花叶病

病毒寄主范围很广，侵染美人蕉、龙爪槐、桂花、月季等。

◆ 发病症状

主要侵染美人蕉的叶片及花器。发病初期，叶片上出现褪绿色小斑点，或呈花叶状，或有黄绿色和深绿色相间的条纹，逐渐变为褐色后坏死，叶片沿着坏死部位撕裂破碎。某些品种上出现花瓣杂色斑点或条纹，呈碎锦状。发病严重时，新叶畸形、内卷成喇叭筒状，抽不出花穗或花少，植株显著矮化。

美人蕉花叶病症状

龙爪槐花叶病症状

◆ 病原及发生规律

病原是黄瓜花叶病毒（CMV）。病毒在发病的块茎内越冬，由汁液传播，也可由棉蚜、桃蚜等传播，还能由病块茎远距离传播。蚜虫虫口密度大，寄主植物种植密度大，枝叶相互摩擦等可导致发病。美人蕉与百合等毒源植物为邻，可加重病害的发生。挖掘块茎的工具不消毒，也易造成感染。

◆ 防治方法

1. 选用健康无病的插条、种球等作为繁殖材料，建立无毒良种繁育基地、无病毒母本园等。茎尖组培脱毒得到无毒种苗，生产中栽培脱毒的组培苗。

2. 加强养护管理，如摘心、掰芽、整枝等过程中用3%～5%的磷酸三钠或热肥皂水对手和工具进行消毒。及时拔除并销毁病株。

3. 定期喷施杀虫剂，如用辟蚜雾等药剂防治传毒蚜虫，也可采用病毒A、病毒灵等药剂防治。

十一、萱草

萱草的主要病虫害有炭疽病、锈病等。

炭疽病

主要侵染萱草、鸢尾等。

◆ 发病症状

主要为害叶片。发病初期，叶尖或叶缘处产生水渍状褐色圆形斑点，逐渐扩展为长条形或不规则形病斑，呈灰白色或浅褐色，与健康组织交界处有深褐色晕圈。发病严重时，病斑可互相连接成大病斑，导致全叶枯死。发病后期病部生出小黑粒点。

萱草炭疽病症状

◆ 病原及发生规律

病原为炭疽菌属黑线炭疽菌。病菌以菌丝体、分生孢子和分生孢子盘在病残体上越冬，翌年病部产生分生孢子借风雨及流水传播蔓延。气温22~28℃、湿度大时有利发病。5~6月开始发病，7~8月发病重，秋末病情开始减弱。连续阴雨、植株过密、种植地排水不良、通风透光差均可导致此病发生重。

◆ 防治方法

1. 清除病叶病残体，并集中销毁。
2. 合理施肥，及时排水，避免地块积水或地表湿度过大。
3. 发病初期及时用药剂防治。

锈病

萱草的重要病害，主要为害萱草茎、叶，严重时可使全株叶片枯死，花蕾干枯凋落，严重影响观赏性。

◆ 发病症状

主要为害叶片和花茎。发病初期，叶片上初生淡绿色小斑点，后形成圆形或椭圆形的黄色或黄褐色隆起疱状物。夏孢子堆大多形成于叶背面，少数形成于叶正面。夏孢子成熟后，寄主表皮破裂，散出黄色粉状物，即病菌的夏孢子。发病严重时，全叶变黄枯死。发病后期，叶片上出现黑色椭圆形疮斑。

萱草锈病症状

◆ 病原及发生规律

病原为柄锈菌属萱草病锈菌真菌，病菌在病残组织中越冬。每年6~7月发生严重。种植过密、湿度过高、氮肥使用过多等，易诱发病害。

◆ 防治方法

1. 加强栽培管理，保持适当株行距，以利通风透光，避免栽植在低洼潮湿的地段，少施氮肥。

2. 及时清除病残体并集中销毁。

3. 发病严重时可使用药剂防治，每隔10~15天喷1次，连喷2~3次。

十二、石竹

石竹的主要病虫害有锈病等。

锈病

石竹的常见病害之一，影响石竹的正常生长和观赏性，降低植株活力和切花质量，严重时能引起叶片枯萎和植株死亡。

◆ 发病症状

主要为害叶片，也为害茎和花萼。生长季节，受害叶片两面及茎上均出现浅红褐色或褐色的疱状病斑，多为不规则梭形，散生可密集成片。病部周围表皮变黄，粗糙破裂，露出红色粉状物。后期，病部颜色加深，表皮破裂后，秋冬季出现黑褐色或黑色粉状物。发病严重时，造成叶片和茎扭曲。

石竹锈病中期症状

◆ 病原及发生规律

病原为单孢锈菌属石竹单孢锈菌，为转主寄生锈菌。病菌以冬孢子堆在石竹上越冬。翌年春天冬孢子萌发产生担子和担孢子，担孢子随风传播，侵染大戟科植物，在叶上形成性孢子器和锈孢子器。锈孢子侵染石竹后，在石竹上形成夏孢子堆，夏孢子随风雨传播，多次再浸染。

石竹锈病后期症状

◆ 防治方法

1. 发病初期，摘除病叶，减少再侵染来源。
2. 加强通风透光，降低温度、湿度，寒冷干燥的环境不利于锈病发展。
3. 发病严重时可使用药剂防治，10天左右喷1次，连喷2~3次。

第四部分　常见地被、草坪、竹类、水生植物主要病虫害识别和防治

一、地被、草坪植物

猝倒病和立枯病

猝倒病和立枯病是植物苗期普遍发生的两种病害，许多常见的草本、木本花卉都易受到其侵害，其为害的显著特征都是导致花木在苗期大面积死苗，造成缺苗。猝倒病和立枯病有相似的发病条件，可以同防同治。

◆ 发病症状

种芽腐烂型。种芽还未出土或刚露出土，即被病菌侵染致死亡。

猝倒型。幼苗出土不久，嫩茎尚未木质化，病菌自茎基部侵入，受侵部呈现水渍状腐烂，幼苗迅速倒伏。此时嫩叶仍呈绿色，随后病部向两端扩展，根部相继腐烂，直至全苗干枯。

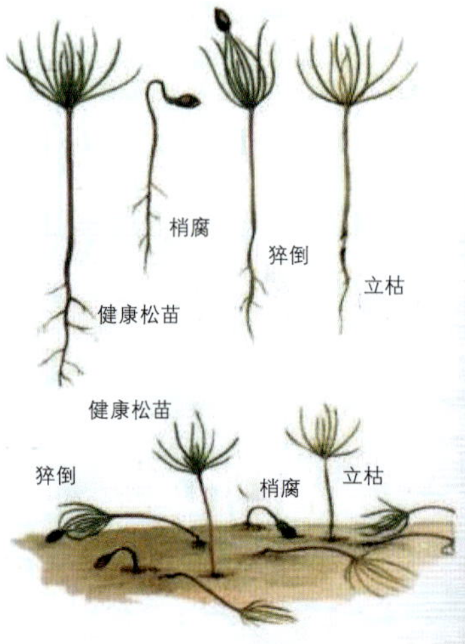

苗床上松苗发病状

猝倒病和立枯病

立枯型，也称根腐型。幼苗木质化后，苗根染病腐烂，茎叶枯黄，但死苗立而不倒，易拔起。

叶枯型，发生在苗木生长后期，由于苗木种植过于密集，苗丛内光照不足，导致苗木下部叶片染病，腐烂枯死，常造成苗木成簇死亡。

◆ 病原及发生规律

引起以上两种病害的原因，可分为非侵染性和侵染性两类。侵染性病原主要是腐霉菌、丝核菌和镰刀菌。非侵染性病原有以下因素：圃地积水，造成根系窒息；土壤干旱，表土板结；地表温度过高，根颈灼伤；农药污染等。

土壤带菌是最主要的侵染来源。病原菌可借雨水、灌溉水传播，长期连作、种子质量差、连续阴雨、光照不足、幼苗木质化程度差、养护栽培不当等都是病菌易感因素。

◆ 防治方法

1. 采取以栽培技术为主的综合防治措施，培育壮苗，提高抗病性。

2. 避免选用瓜菜地和土质黏重、排水不良地块作为圃地。精选种子，适时播种。推广高床育苗及营养钵育苗，加强苗期管理，培育壮苗。

3. 种子消毒用0.5%高锰酸钾溶液（60℃）浸泡2小时。

4. 幼苗出土后可喷比例为1:1:200的波尔多液。

褐斑病

草坪草易发生褐斑病，如早熟禾、紫羊茅、高羊茅、黑麦草、翦股颖、结缕草、狗牙根等，其中尤以冷季型草坪草受害重。

◆ 发病症状

初期，受害叶片或叶鞘常出现梭形、长条形或不规则形病斑，病斑内部呈青灰色水浸状，边缘红褐色，后期病斑变褐色，甚至整叶水浸状腐烂。严重时，病菌侵入茎干。枯草圈常呈“蛙眼”状，清晨有露水或高湿时，有“烟圈”。在病叶鞘、茎基部有初为白色、后变成黑褐色的菌核形成，易脱落。另外，该病在冷凉的春季和秋季还可以引起黄斑症状（也称为冷季或冬季型褐斑）。

草坪草褐斑病症状

◆ **病原及发生规律**

病原为丝核菌属立枯丝核菌真菌。丝核菌以菌核或在草坪草病残体上的菌丝形式度过不良的环境条件。丝核菌的寄生能力较弱，当草坪草生长在高温条件下且生长停止时，才有利于病菌侵染及病害发展。

丝核菌是土壤习居菌，主要以土壤传播。枯草层较厚的老草坪，菌源量大，发病重。建草坪时填入垃圾土，土质黏重，低洼潮湿，排水不良；田间郁闭，小气候湿度高，偏施氮肥，植株旺长，组织柔嫩，冻害，灌水不当等因素都有利于病害的发生。全年都可发生，高温高湿、多雨炎热的夏季为害最重，夜间温度高于20℃时更易造成病害猖獗。

◆ **防治方法**

1. 合理施肥，在高温高湿天气要少施或不施氮肥，可少量增施一定的磷钾肥，有利于提高植株抗病性。

2. 科学灌水，见湿见干，避免傍晚灌水，保持良好的排水功能。

3. 改善草坪通风透光条件，过密草坪要适当打孔、疏草，改善小环境。

4. 及时修剪，一般留草高度5～6cm。枯草和修剪后的残草要及时清除。

白绢病

又名茎基腐烂病，为害草坪草等。

◆ 发病症状

主要发生在成年树或苗木的根颈部，有时可扩展至主根基部，很少为害细根、支根。以距地面5~10cm处发病最多。发病初期，根颈表面形成白色菌丝，表皮呈现水渍状褐色病斑。病情进一步发展时，根颈部皮层腐烂，有酒味，并溢出褐色汁液。菌丝继续生长，直至根颈部全部覆盖着如丝绢状的白色菌丝层，后期产生大量茶褐色菜籽状菌核。

白绢病症状

◆ 病原及发生规律

病原为小核菌属罗氏小核菌。病菌以菌核或菌丝在土壤中或病残体上越冬。菌核是病害主要的初侵染菌源，自然条件下可在土壤中存活5~6年。翌年环境条件适宜时，菌核萌发产生菌丝进行侵染，从植株根茎基部的表皮或伤口侵入。病菌主要以菌核随雨水或灌溉水转移传播，也可通过带菌苗木远距离传播。

高温、高湿、土壤有机质含量高等因素都有利于病害发生。另外，土壤黏重、排水不良、低洼地及多雨年份，发病重，蔓延快；连作地、播种早，发病重。

◆ 防治方法

1. 选用无病种子，或用种子重量0.5%的50%多菌灵可湿性粉剂拌种。用10%盐水浸种汰除菌核，再用清水冲洗后播种。

2. 适当晚播，苗期清棵蹲苗，提高苗木抗病力。高温多雨的夏季浇水后晒田，也可在深灌后覆盖地膜晒20~30天。施用日本酵素菌沤制的堆肥或充分腐熟有机肥，改善土壤通透条件。

3. 发病初期适时用药可控制病害流行，间隔6~10天，喷施1~2次。可用培养好的哈茨木霉，混匀后撒覆在病株基部，能有效地控制该病发展。

4. 及时拔除病株，清除土中的病残体，集中销毁或深埋。

白粉病

草坪草常见病害，可侵染狗牙草、细叶羊茅、草地早熟禾、鸭茅等。

◆ 发病症状

主要侵染叶片和叶鞘，也为害茎干和穗部。叶片上出现绒絮状霉斑，表面着生一层白色粉状物，易受风吹脱落飘散。后期霉层中生出黑色小粒点。随着病情发展，叶片变黄，草坪生长不良、早衰，早枯死亡，严重影响草坪景观。

草坪草白粉病症状

◆ 病原及发生规律

病原为布氏白粉菌属禾布氏白粉菌真菌。病菌主要以菌丝体或闭囊壳在病株上越冬，也能以闭囊壳在病残体上越冬。越冬菌丝体产生分生孢子，随气流传播，成为初侵染来源。发病期间多次产生大量分生孢子，不断引起再侵染。以春秋季发病严重。生长密度过大、空气流通不畅、长期光照不足、春季降雨量较多且分布不均匀等条件下，草坪都容易受到该病菌侵染。

◆ 防治方法

1. 选用抗病草种,合理布局,混合种植。清除销毁病叶,减少侵染来源。

2. 控制草坪种植密度,适时修剪,增施磷钾肥,控制氮肥使用量,合理灌水,保证草坪冠层通风透光,增强草坪综合抗病能力。

3. 发病早期可在修剪后用三唑类杀菌剂防治。

锈病

◆ 发病症状

主要发生在结缕草的叶片上,发病严重时也侵染草茎。早春叶片一展开即会受侵染。发病初期,叶片上下表皮均会出现疱状小点,逐渐扩展形成圆形或长条状的黄褐色病斑,即夏孢子堆,夏孢子堆先在表皮下形成,成熟后突破表皮,裸露呈粉堆状,橙黄色。冬孢子堆生于叶背,黑褐色,线条状,病斑周围叶肉组织失绿变为浅黄色。发病严重时,叶片变黄、卷曲、干枯,破坏草坪景观。

草坪草锈病症状

◆ 病原及发生规律

病原为柄锈菌属结缕草柄锈菌。病菌以菌丝体或夏孢子在病株上越冬。5~6月细叶结缕草叶片上出现褪绿色病斑,9~10月发病严重,草叶枯黄，9月底~10月初产生冬孢子堆。根据调查，苏州地区植物3~4月发病，5~6月及秋末发病较重。光照不足、土壤板结、偏施氮肥等条件下，植株发病重。病残体多，草坪发病重。

◆ 防治方法

1. 加强栽培管理，提高草坪抗病性。
2. 结合清理及修剪，及时将病枝芽、病叶等集中烧毁，以减少病原。
3. 发病严重时可用药剂防治。

炭疽病

主要为害麦冬、山麦冬、金钱蒲、吉祥草等。

◆ 发病症状

主要发生在叶片上。发病初期，叶片上呈现圆形、椭圆形红褐色小斑点，发生在边缘时则为半圆形或不规则形，呈灰褐色或灰白色，边缘褐色。后期扩展成深褐色圆形病斑，病斑中央则由灰褐色转为灰白色，边缘呈紫褐色。最后病斑转为黑褐色，并产生轮纹状排列小黑点。在潮湿条件下，病斑上有粉红色的黏孢子团。严重时，一个叶片上有十多个至数十个病斑，后期病斑可形成穿孔，使病叶易脱落。

阔叶山麦冬炭疽病症状

金钱蒲炭疽病

◆ 病原及发生规律

病原为炭疽菌属胶孢炭疽菌真菌。病菌以菌丝体、分生孢子或分生孢子盘在寄主残体或土壤中越冬。老叶从4月初开始发病，5~6月迅速发展，新叶则从8月开始发病。分生孢子借风雨、浇水等传播，多从伤口处侵染。栽植过密、通风不良、叶子相互交叉等条件下易感病，连续阴雨季节，发病重。

◆ 防治方法

1. 发病初期，及时销毁病叶、枯枝败叶、病残体。

2. 科学施肥，施足腐熟有机肥，增施磷钾肥，提高抗病性。

3. 发病前，喷施保护性药剂，隔7~10天1次，连续3~4次。

斜纹夜蛾

寄主广泛，主要为害草坪草、菊花、大丽花、秋海棠等植物。

◆ 形态特征及危害

成虫体前翅黄褐色，外横线间从前缘伸向后缘有3条白色斜线，颜色多变，一般为黑褐色至暗绿色，亚背线内侧每节有一对黑褐色半月形的斑纹。

暴食性害虫，幼虫咬食叶片，蛀食嫩芽、茎丅或为害植物根部，还可为害花蕾、花瓣及果实。初龄幼虫啮食叶片下表皮及叶肉，仅留上表皮呈透明斑，4龄以后进入暴食期，咬食叶片，仅留主脉。

斜纹夜蛾幼虫

斜纹夜蛾成虫

◆ 发生规律

1年发生4~5代，以老熟幼虫或蛹在杂草中越冬，有些地区不能越冬，有些地区无真正越冬现象。翌年3月羽化，多在7~8月大发生。成虫具有较强的趋光性和趋化性。

◆ 防治方法

1. 清除园内杂草，收获后翻耕晒土或灌水，摘除卵块和群集为害的初孵幼虫，减少虫源。

2. 利用成虫的趋光性和趋化性，采用黑光灯、糖醋液诱杀成虫。糖醋液可用糖2份、酒1份、水2份、醋2份调匀后加少量敌百虫，或用胡萝卜、甘薯、豆饼发酵液加少量红糖和敌百虫制成。

4. 保护和利用广赤眼蜂、黑卵蜂、螟蛉绒茧蜂、家蚕追寄蝇等天敌。

5. 卵孵化盛期或低龄幼虫期3龄前及时用药剂防治，每隔7~10天喷1次，连用3~5次，用药时间最好选在傍晚，喷匀喷透。

地下害虫

亦称土栖害虫、根部害虫，是一类重要的草坪等绿化植物害虫。种类很多，常见的有蛴螬（金龟甲幼虫）、地老虎、蝼蛄、金针虫等。

蛴螬类　金龟甲幼虫的统称，种类很多，常见种类有大黑鳃金龟、暗黑鳃金龟、铜绿丽金龟、小青花金龟、白星花金龟、黑绒鳃金龟等。

◆ 形态特征及危害

幼虫乳白色，身体呈“C”形蜷曲，具3对胸足。大黑鳃金龟成虫黑色，具光泽，每鞘翅有4条明显的纵肋。铜绿丽金龟成虫铜绿色，有光泽，幼虫肛门孔横列状。

地下害虫潜伏为害，不易发现。幼虫为害草坪、花卉等地下部分种子、块茎和一二年生林木幼苗、根部，使其萎蔫枯死，造成缺苗断垄现象，严重时常造成毁灭性灾害。成虫主要啃食各种绿化植物叶片，形成孔洞、缺刻或秃枝。

蛴螬

大黑鳃金龟

小青花金龟

铜绿丽金龟

◆ 发生规律

大黑鳃金龟一般2年完成1代，以成虫和幼虫越冬。越冬成虫初始见期4~5月，盛发期5月中下旬，终见期9月中上旬。越冬幼虫在翌年5月上旬开始为害草坪草等植物地下部分，为害盛期在5月下旬~6月上旬。8月上旬开始羽化，羽化高峰期为8月下旬~9月初。成虫昼伏夜出，有假死习性。

江苏地区的暗黑鳃金龟1年完成1代，多以3龄老熟幼虫越冬，少数以成虫越冬。成虫食性杂，有群集性、假死性、趋光性，昼伏夜出。

铜绿丽金龟1年发生1代，以3龄幼虫在土中越冬，翌年春天为害至5月开始化蛹，5月下旬~6月上旬为蛹期。成虫一般6月上旬羽化，7月中下旬~8月上旬为羽化高峰期。成虫食性杂，食量大，被害叶形成孔洞、缺刻。成虫有假死性，昼伏夜出，白天隐伏于灌木丛、草皮中或表土内，黄昏出土活动，闷热无雨的夜晚活动最盛。初孵幼虫7、8月出现，开始为害草坪草等植物地下部分，1、2龄幼虫食量较小，9月后大部分变为3龄，食量大，为害重。为害至11月进入越冬期，越冬后翌年春季幼虫继续为害到5月，形成春秋两季为害高峰。幼虫一般在清晨和黄昏从深处爬到表层，咬食近地面草坪草等植物基部、主根和侧根，老熟后在土壤深处做土室化蛹。

◆ 防治方法

1. 防治成虫

①金龟子成虫一般都有假死性，可利用人工振落方式捕杀成虫。

②夜出性金龟子成虫大多有趋光性，可设置黑光灯进行诱杀。

③成虫发生盛期可用药剂防治。

2. 防治幼虫（蛴螬）

①草坪、圃地勿用未腐熟的有机肥，可将杀虫剂与堆肥混合施用。冬季翻耕，将越冬虫体翻至土表冻死。中耕锄草，破坏蛴螬适生环境，或借助器械将其杀死；土壤含水量大或被水久淹，蛴螬数量会下降，可于11月前后冬灌，或于5月中上旬生长期间适时浇灌大水。

②金龟子的天敌很多，如各种益鸟、刺猬、青蛙、蟾蜍、步甲等，都能捕食金龟子成虫、幼虫，应予保护和利用。

③发现蛴螬为害根部时，可用50%辛硫磷乳油1000~1500倍液等灌草坪根部。

蝼蛄类 属直翅目，蝼蛄科，为典型的地下害虫，俗称土狗、地狗、拉拉蛄等。常见的有东方蝼蛄、华北蝼蛄。东方蝼蛄分布几乎遍及全国，但以南方为多。

◆ 形态特征及危害

蝼蛄前足粗壮，开掘式、胫节阔，有4个发达的齿，用于掘土和切碎植物的根。蝼蛄成虫和若虫在土中咬食刚播下的种子，也咬食幼苗根部及近地面的幼根和嫩茎，致受害部呈乱麻状，使幼苗萎蔫而死，造成缺苗断垄。同

华北蝼蛄和东方蝼蛄的形态特征

形态		华北蝼蛄	东方蝼蛄
成虫	体长	身体粗大，体长 40～50mm	体小，体长 30～35mm
	体色	淡黄褐或黄褐色	淡黄褐或黑褐色
	前胸背板	中央有1个不明显的凹陷	中央有1个明显的凹陷
	前足	腿节内侧外缘弯曲，缺刻明显	腿节内侧外缘较直，缺刻不明显
	后足	腿节下缘弯曲，胫节背侧内缘有刺1个或消失	腿节下缘平直，胫节背侧内缘有刺3～4个
若虫	体色	黄褐色	灰褐色
	前后足	5～6龄以上同成虫	2～3龄以上同成虫
卵	形状	椭圆形	长椭圆形

时蝼蛄成虫、若虫在表土层活动，来往穿行，钻筑坑道，造成纵横蛀道，使幼苗和土壤分离，导致幼苗因失水干枯而死。清晨在苗圃床面上可见大量不规则蛀道、虚土隆起。

东方蝼蛄

◆ 发生规律

东方蝼蛄以成虫或5龄若虫越冬。越冬代成虫翌年3月下旬开始活动，4、5月为活动为害盛期，成虫一般在10月下旬入土越冬。

（左）东方蝼蛄，（右）华北蝼蛄

蝼蛄昼伏夜出，晚9～11时为活动取食高峰。成虫有趋光性、趋化性、趋粪性、喜湿性。蝼蛄特别嗜好香甜物质，喜食煮至半熟的谷子、种子和炒香的豆饼、麦麸等，对马粪等未腐烂有机质也具有趋性。有俗语“蝼蛄跑湿不跑干”，说明其喜欢在潮湿的土中生活。一年中的活动情况，可分为越冬休眠、春季苏醒、出窝迁移、为害猖獗、越夏繁殖产卵和秋季越冬前暴食为害6个时期。

◆ **防治方法**

1. 施用充分腐熟的厩肥、堆肥等有机肥料，减少蝼蛄产卵。

2. 用灯光诱杀成虫，特别在晴朗无风的闷热天气及雨前的夜晚诱集量最多。

3. 步道上每隔20米左右挖一小土坑，将鲜草放入坑内诱集，次日清晨捕杀。

4. 在受害植株根际浇灌50%辛硫磷乳油1000倍液等。

5. 招引戴胜、喜鹊等蝼蛄的鸟类天敌栖息、繁殖。

地老虎类 属鳞翅目，夜蛾科，其中以小地老虎分布最广，为害最严重。

小地老虎，又名土蚕、切根虫。主要为害草坪、马尾松、杉木、桑、茶等苗木及多种低矮草本花卉。

小地老虎幼虫

小地老虎成虫

◆ **形态特征及危害**

成虫暗褐色，内横线双线，黑色，波浪形，有一个黑色肾状纹，其外侧有一明显的尖端向外的楔形黑斑，在亚缘线上侧有2个尖端向内的楔形黑斑，三斑相对是其最显著的特征。老熟幼虫黄褐色。

幼虫为害寄主的幼苗，从地面截断植株或咬食未出土幼苗，亦能咬食作物生长点，严重影响植株的正常生长。各地均以第1代幼虫为害春播作物的幼苗，造成缺苗断垄，甚至毁种重播。有些地区秋播后幼虫还为害秋苗。

◆ 发生规律

江苏地区小地老虎1年发生4～5代。1年中常以第1代幼虫在春季发生数量最多，为害最重。5月中下旬～6月上旬是第1代幼虫为害盛期。

成虫昼伏夜出，白天栖息在阴暗处或潜伏在土缝中、枯叶下、杂草间或其他隐蔽处，晚间出来活动、取食、交配产卵，以晚上6～10时为盛。成虫对黑光灯有强烈趋性，特别嗜好酸甜味的汁液。卵多散产或成堆产于杂草或土块上。幼虫为6龄，1～2龄幼虫群集于幼苗顶心嫩叶处昼夜取食，或在地面、杂草或寄主幼嫩部位取食。3龄后幼虫分散为害，进入为害盛期。白天潜伏于杂草或幼苗根部附近的表土，夜出咬断苗茎，尤以黎明前露水未干时更烈，把咬断的幼苗嫩茎拖入土穴内供食。老熟后在土表5～6cm深处做土室化蛹。

◆ 防治方法

1. 早春结合松土及时清除杂草，减少卵和幼虫虫口基数。也可清晨巡视，发现断苗，扒开新被害植株，捕杀高龄幼虫。

2. 低龄幼虫为害期可傍晚时使用药剂防治，第1次防治后，每隔6天左右再防1次，连续2~3次。

3. 利用黑光灯或糖醋酒液诱杀成虫，糖醋酒液配制比为糖6份、醋3份、白酒1份、水10份及90%晶体敌百虫1份，盛于盆中，近黄昏时放入田中。

4.保护和利用蟾蜍、中华广肩步行虫、甘蓝夜蛾拟瘦姬蜂、夜蛾瘦姬蜂、螟蛉绒茧蜂、夜蛾土茧寄生蝇、伞裙追寄生蝇、黏虫侧须寄生蝇、饰额短须寄生蝇、蚂蚁、蚜狮、鸟类等天敌。

金针虫类　是叩头虫幼虫的统称，又名铁丝虫、黄夹子虫，属鞘翅目，叩头虫科。为害绿化植物常见的有沟金针虫和细胸金针虫两种。

◆ 形态特征及危害

金针虫身体细长，皮肤光滑坚韧，头和末节特别坚硬，体黄褐色。沟金针虫宽而扁平，背面中央有1条细纵沟。细胸金针虫细长圆筒形，背面有4条褐色纵纹，成虫暗褐色密被灰色短毛，鞘翅上有9条纵列刻点。

幼虫长期生活在土壤中，咬食嫩茎、嫩根、块茎和种子，幼苗受害后逐渐枯死。为害主要发生在春秋两季。

金针虫幼虫

金针虫成虫

◆ 发生规律

金针虫的生活史很长，2~5年才能完成1代。以成虫和各龄幼虫在（地下）土中越冬。越冬成虫于3月上旬开始活动，4月上旬为活动盛期。成虫昼伏夜出，白天躲在田间或田边杂草中和土块下，夜间取食、交配、产卵，卵散产于土壤中。成虫有假死性和趋光性，对禾本科杂草及枯枝落叶腐烂发酵的气味有趋性。

◆ 防治方法

1. 利用金针虫喜食甘薯、土豆、萝卜的习性，在发生较多的地方，每隔一段挖一小坑，将上述食物切成细丝放入坑中，上面覆盖草屑诱集捕杀。

2. 成虫大量产卵前，将春锄杂草堆于田间，诱杀成虫。

3. 用豆饼碎渣、麦麸拌和药剂制成毒饵诱杀。

酢浆草岩螨

属于蜱螨目，叶螨科，又名酢浆草如叶螨。主要为害酢浆草、六月雪、黄兰等植物。

◆ 形态特征及危害

雌螨椭圆形，深红色，足细长。雄螨菱形，橘黄色，体背两侧有明显黑斑，足的长度几乎为体长的3倍。幼螨圆形，红色，背面隐约有黑斑。若螨椭圆形，体躯上有黑斑。

幼螨、若螨、成螨以口针刺破植物组织为害，聚集吮吸汁液，使叶面形成许多黄白色小点。严重时，小点密集成黄色斑块，造成全叶发黄枯萎，严重影响酢浆草的正常生长。

酢浆草岩螨及为害状

◆ 发生规律

酢浆草岩螨1年发生3～4代，以雌螨在酢浆草根际附近土缝内越冬。5~7月和8月上旬~10月是为害高峰期，夏季高温干燥环境有利于虫害发生。有越夏习性，秋季阴雨低温时，返回植株上取食，先在边缘为害，后扩展到植株中间。

◆ 防治方法

1. 彻底清除枯草落叶、杂草，减少越冬数量。

2. 冬季浇越冬水，发生期适当浇水，保持土壤适宜水分，创造不利于酢浆草岩螨发生的环境条件。

3. 为害扩散前可使用药剂防治，连续防治2~3次，每次间隔7天左右，注意喷到叶背。

二、竹类

竹类的主要病虫害有丛枝病、叶斑病、竹茎扁蚜等。

丛枝病

又称雀巢病或扫帚病。主要为害刚竹、淡竹、苦竹、紫竹、毛竹等。

◆ 发病症状

病枝春天不断延伸多节细弱的蔓枝，发笋少，节间缩短，叶片呈鳞片状，侧枝丛生成鸟巢状或成团下垂。有时也从多年生的竹鞭上长出矮小而细弱的嫩竹。4~6月，病枝梢端叶鞘产生大量白色米粒状物；5月下旬~6月下旬，白色米粒状物变成黄褐色；9~10月，新生长出来的病枝梢端的叶鞘内有时也产生白色米粒状物。病株先从少数竹枝发病，数年内逐步发展到全部竹枝，最后导致全株枯死，造成整个竹林衰败。

竹类丛枝病症状

◆ **病原及发生规律**

病原为瘤痤菌属竹丛枝瘤痤菌。病菌在病竹枝内越冬。翌年春，病枝新梢上产生分生孢子，借风雨传播，2~3年后逐渐形成鸟巢状或扫帚状。4年生以上的老竹林、日照强、管理不善、生长不良和栽植过密等条件下，容易发病。

◆ **防治方法**

1. 加强检疫，预防病害传播。
2. 选用抗病无病品种，加强竹林抚育管理，压土施肥，促进新竹生长。
3. 及早砍除病株，逐年反复进行。
4. 发病初期使用药剂防治。

叶斑病

◆ **发病症状**

主要为害竹叶片。发病初期叶缘和叶尖出现黄色湿病斑，病健交界处有浅褐色长椭圆形病斑，与叶脉平行，老叶症状尤为明显。严重时，病斑连片扩展成褐黄斑，影响植株正常生长，降低观赏价值。

竹类叶斑病症状

◆ **病原及发生规律**

病原为真菌，病菌在病部或病残体上越冬。翌年春夏季产生分生孢子，由风雨、溅水传播，多次再侵染，以4~9月发病较重。春夏季多雨高湿，低洼地区易发病，夏秋季高温干旱，突然打雷下阵雨或台风暴雨，易导致严重发病。

◆ 防治方法

1. 剪除病枯叶并集中销毁，减少侵染来源。

2. 保持湿润，夏秋季降雨时排水，增施磷钾肥、复合肥。冬季控制水肥，以湿润为宜，促其休眠。

3. 发病初期用药剂防治。

竹茎扁蚜

又名居竹伪角蚜、竹大角蚜、竹笋芽，属半翅目，扁蚜科。仅为害孝顺竹、凤凰竹。

◆ 形态特征及危害

无翅孤雌成虫体椭圆形，黑褐色，体被白色蜡粉。有翅孤雌成虫体长椭圆形，不善活动，固定为害。1龄若蚜体小，后足特长，行动迅速。

以孤雌成蚜、若蚜群集在孝顺竹嫩枝和茎干上刺吸汁液为害，致嫩枝萎缩变褐，诱发严重煤污病，重者造成竹子枯死。

竹茎扁蚜

竹茎扁蚜诱发的煤污病症状

◆ 发生规律

竹茎扁蚜孤雌生殖，无两性生殖。以孤雌蚜在孝顺竹笋基段越冬。翌年2月开始活动，4~5月和8~9月，1龄若蚜迁移扩散为害。4月中上旬竹笋枝芽开始萌发，无翅孤雌蚜也开始迁移、扩散，爬到嫩芽、枝上为害。5月中上旬蚜量达顶峰，5月下旬~7月上旬蚜量下降，7月中旬开始迁移到新笋上为害，9月蚜量大增，达到全年第二次高峰。

◆ 防治方法

1. 冬季砍除被害严重的笋或嫩茎，并销毁。

2. 结合冬季管理，剪除有蚜竹笋，减少虫量。

3. 保护和利用大草蛉、中华草蛉、褐蛉、黄斑盘瓢虫、异色瓢虫、异线螨等天敌。每年5~6月，天敌数量多。

4. 2~3月蚜虫迁移、扩散之前，为药剂防治适期。

天敌瓢虫成虫捕食竹茎扁蚜

天敌瓢虫幼虫捕食竹茎扁蚜

三、水生植物

水生植物的主要病虫害有黑斑病、褐斑病、腐败病、荷缢管蚜、斜纹夜蛾等。

黑斑病

又名褐纹病，除为害荷花外，也为害睡莲等水生花卉。

◆ 发病症状

发病初期，叶片上出现褪绿大黄斑，叶背面更为明显，病斑逐渐扩大成不规则形褐斑，具同心轮纹，后期病斑上着生许多黑褐色霉状物。发病严重时，植株叶片焦黄似火烧，不能开花，提早死亡。

荷花黑斑病后期症状

荷花黑斑病致植株提早死亡

◆ 病原及发生规律

病原为链格孢属荷花莲链格孢真菌。病菌以菌丝体和分生孢子座在病残体上越冬。分生孢子借气流或风雨传播，重复侵染蔓延。一般5月中旬开始发病，7~9月发病严重。高温多雨尤其暴风雨频繁，夏天水温过高，连作地或植株过密、通透性差，偏施氮肥等条件下发病重。

◆ 防治方法

1. 彻底清除并销毁病叶及病株残体，减少侵染源。

2. 种植前土壤或池土中拌入适量生石灰对土壤进行消毒。

褐斑病

睡莲、荷花生长过程中常见的病害。

◆ 发病症状

主要发生在叶片上。初发时，叶面出现淡黄色小斑点，后逐渐扩展，病斑可达叶面积的1/3~1/2，叶色由绿变黄，叶缘干枯、内卷，叶片及叶柄出现一层墨绿色的绒毛状物。严重时，开花延迟，甚至不开花，全株叶片焦枯，直至死亡。

睡莲褐斑病症状

◆ 病原及发生规律

病原为尾孢属睡莲褐斑尾孢菌。病菌以菌丝体和分生孢子座在病落叶及病残体上越冬。翌年5~6月产生分生孢子，借气流或风雨传播蔓延，7~8月为发病高峰期。高温多湿，尤其是暴风雨频繁，发病重。叶片受损伤或被水淹没后，有利于病菌侵染，病害迅速蔓延。

◆ 防治方法

1. 选取健壮无病的地下茎栽培，合理配施氮、磷、钾肥。

2. 冬季彻底清除并销毁病残体。及时疏剪病残老叶，增强透光性。

3. 发病前和发病期间，可喷比例为1:1:100的等量式波尔多液1~2次。

腐败病

又叫黑根病，俗称枯萎病、腐败枯萎病。除为害荷花外，还为害睡莲等。

◆ 发病症状

主要为害地下根茎，地上部分亦表现症状。发病初期，叶片变褐、干枯或卷曲，荷花枯萎，地下茎部褐色腐烂，发病严重时成片枯死，一片枯黄，似火烧状。

荷花腐败病致叶片干枯

◆ 病原及发病规律

属土传真菌病害，病原为镰刀菌属尖孢镰刀菌。病菌以菌丝体、厚垣孢子和分生孢子随病残体在荷花田土壤中越冬。翌年分生孢子借气流和水流传播，6~7月为发病盛期，8月以后病害逐渐停止发生。

一般连作3年以上的荷花田容易发生该类病害，偏施氮肥、水温过高或长期深灌等加重发病。酸性大田块、阴雨连绵、日照不足或暴风雨频繁等条件下发病重，雨过天晴后，病害发生迅速，2~3天受害荷花即萎蔫枯死。

◆ 防治方法

1. 因地制宜选用抗病性强的品种，发病地块实行3年以上轮作。

2. 清除病株残体，及时治虫，田间操作时防止损伤植株，减少伤口。

3. 合理施肥，适量补充钙、锌、硫、硼等微量元素，提高植株抗病能力。

4. 荷花生长期管好水层，调温调肥，防止水温过高或长期深水加重病害发生。

5. 酸性强的地块用生石灰处理，整地时每亩用生石灰80~120kg撒施。

荷缢管蚜

又称莲缢管蚜、睡莲缢管蚜，属半翅目，蚜科，主要为害香蒲、荷花、睡莲等。

◆ 形状特征及危害

荷缢管蚜刺吸为害香蒲

荷缢管蚜有6种不同的形态：无翅胎生雌蚜、有翅胎生雌蚜、干母、雌性蚜、雄性蚜、性母。若蚜多为4个龄期，少数3个或5个龄期。无翅胎生雌蚜体长约2.5mm，卵圆形，体肥壮，深绿色或褐色，体表有层薄蜡质。腹管缢管状，中部和顶端收缩。尾片圆锥状，上有长毛3对。有翅雌蚜长卵形，头和胸部黑色，腹部褐绿色，翅透明。卵椭圆形。若虫绿色。

以成蚜、若蚜刺吸嫩叶、嫩枝为害，每年为害期为4~10月，其中以4~5月为害最严重。影响水生植物生长发育，致花蕾干瘪，过早凋谢，不能开花。木本植物受害后，嫩梢变形，叶片卷曲，造成叶片干枯，提早落叶，影响景观。

◆ 发生规律

1年发生20~25代，以卵在紫叶李、桃等木本花卉或芽腋中越冬。翌年春季3月越冬卵孵化为干母，干母在越冬寄主紫叶李、桃树等上繁殖为害并孤雌生殖产生胎生雌蚜。4月下旬~5月上旬产生有翅蚜，迁至香蒲、睡莲、荷花等水生植物上为害并繁殖，刺吸露出水面的幼茎和嫩叶，使其生长不良，花蕾小，甚至不能开花。10月中下旬产生有翅蚜，迁回越冬寄主木本植物上产卵越冬。

◆ 防治方法

1. 香蒲、睡莲、荷花等栽植成活后，人工除草，一般进行2~3次，改善光照条件。同时清理枯叶，减少虫源。

2. 秋冬季修剪紫叶李、桃、梅、樱花等越冬寄主。发芽前，喷晶体石硫合剂50~100倍液，铲除越冬卵，减少当年虫害发生。

3. 香蒲、睡莲、荷花上蚜虫发生量大时，可使用药剂防治，但选用药剂时应特别注意药剂对鱼类的影响。

参考文献

主要参考文献

1. 赵卫华，2019.常州市公园绿地常见植物病虫害防治手册[M].江苏：江苏人民出版社.

2. 张亚玲，2018.西安园林植物常见病虫害防治手册[M].陕西：陕西科学技术出版社.

3. 陈友，孙月萍，2013.园林植物病虫害防治(第二版)[M].北京：中国林业出版社.

4. 程亚樵，2012.园艺植物病虫害防治[M].北京：中国农业出版社.

5. 徐明慧，2006.花卉病虫害防治（第二次修订版）[M].北京：金盾出版社.

6. 吴雪芬，席敦芹，张晓红，2021.园艺植物保护[M].北京：中国农业出版社.

7. 吴雪芬，2015.园艺植物病虫害防治技术（第二版）[M].苏州：苏州大学出版社.

8. 费显伟，2015.园艺植物病虫害防治（第二版）[M].北京：高等教育出版社.

9. 陈友，孙丹萍，2013.园林植物病虫害防治（第2版）[M].北京：中国林业出版社.

10. 姚新华，蔡平，2021.苏州市林业有害生物原色图谱[M].苏州：古吴轩出版社.

附录

附表 1　城市绿化常见病害防治建议用药

序号	农药通用名	百分含量及剂型	防治对象
1	代森锰锌	70% 或 80% 可湿粉等	炭疽病、叶斑病、灰霉病、霜霉病等
2	百菌清	75% 可湿粉等	黑斑病、霜霉病、疫病等
3	异菌脲	50% 可湿粉、50% 悬浮剂等	疫病、灰霉病等
4	腐霉利	50% 可湿粉	灰霉病、菌核病、白绢病等
5	噁霜・锰锌	64% 可湿粉	霜霉病、疫病等
6	甲霜・锰锌	68% 或 70% 可湿粉等	霜霉病、疫病等
7	甲霜灵	25% 可湿粉	疫病、霜霉病
8	氰霜唑	10% 悬浮剂	霜霉病、疫病
9	苯甲・丙环唑	30% 乳油等	炭疽病、褐斑病、黑斑病等
10	嘧菌酯	25% 悬浮剂	霜霉病、疫病、炭疽病、叶斑病
11	嘧菌・苯醚	32.5% 悬浮剂	锈病、立枯病、霜霉病等
12	苯醚甲环唑	10% 水分散粒剂	炭疽病、锈病、立枯病
13	氢氧化铜	53.8% 或 77% 可湿粉	疫病、叶斑病等
14	波尔・锰锌	78% 可湿粉	炭疽病、立枯病、霜霉病等（预防）
15	甲基硫菌灵	70% 可湿粉	炭疽病、白斑病、白粉病
16	多菌灵	50% 可湿粉	炭疽病、菌核病、立枯病
17	福・腈	20% 可湿粉	炭疽病、白粉病、菌核病、锈病
18	腈菌唑	10% 乳油、40% 可湿粉	白粉病、菌核病、炭疽病
19	噁霉灵・甲霜	3% 乳油	立枯病、猝倒病、白绢病等土传病害
20	吗啉胍・羟基・烯腺	30% 可溶性粉剂	病毒病
21	嘧霉胺	40% 悬浮剂等	灰霉病等
22	氯溴异氰脲酸	50% 可溶性粒剂	细菌性病害、病毒病（预防）
23	代森锌	65% 或 80% 可湿粉等	霜霉病、炭疽病、疫病等
24	申嗪霉素	1% 悬浮剂	疫病、枯萎病等

续表

序号	农药通用名	百分含量及剂型	防治对象
25	链霉素	72% 可溶性粉剂等	细菌性病害
26	醚菌酯	50% 干悬浮剂	霜霉病、炭疽病、疫病
27	吡唑醚菌酯	25% 或 50% 悬浮剂	白粉病、炭疽病等
28	三唑酮	15% 或 25% 可湿性粉剂、20% 乳油	白粉病、锈病等

附表 2 城市绿化常见虫害防治建议用药

序号	农药通用名	百分含量及剂型	防治对象
1	吡虫啉	10% 或 25% 可湿粉、70% 水分散粒剂等	蚜虫、粉虱等半翅目害虫
2	吡蚜酮	25% 悬浮剂、25% 可湿粉、50% 水分散粒剂等	木虱、叶蝉等半翅目害虫
3	阿维菌素	3% 水乳、5% 或 1.8% 乳油等	螟蛾等鳞翅目害虫、潜叶蝇、螨类
4	烯啶虫胺	10% 可溶液剂、20% 水剂等	蚜虫、飞虱、粉虱、蓟马、叶蝉等
5	啶虫脒	20% 乳油、20% 可湿粉等	蚜虫、粉虱、蓟马等
6	甲氨基阿维菌素苯甲酸盐	5.7% 水分散粒剂、2.2% 微乳剂、2% 微囊悬浮剂等	夜蛾、毒蛾、刺蛾、螟蛾等鳞翅目害虫
7	氟啶脲	5% 乳油等	斑蛾、刺蛾等鳞翅目害虫
8	辛硫磷	5% 颗粒剂、40% 乳油等	地老虎、蛴螬等地下害虫
9	哒螨灵	15% 乳油	螨类
10	阿维·哒螨酮	8% 乳油	螨类、红蜘蛛
11	炔螨特	73% 乳油	螨类、红蜘蛛
12	顺式氯氰菊酯	10% 或 4.5% 乳油等	鳞翅目、蚧类等
13	溴氰菊酯	2.5% 乳油	鳞翅目、蚧类等
14	啶虫·哒螨灵	42% 可湿粉	跳甲等
15	氯虫苯甲酰胺	5%、10% 悬浮剂	小地老虎、刺蛾、螟蛾、甜菜夜蛾、斜纹夜蛾等鳞翅目害虫

续表

序号	农药通用名	百分含量及剂型	防治对象
16	茚虫威	15% 乳油、15% 悬浮剂等	夜蛾等鳞翅目害虫、叶蝉等半翅目害虫
17	甜核·苏云菌	1 万 PIB·16000 国际单位 /mg 可湿粉	螟蛾、夜蛾等鳞翅目害虫
18	乙基多杀菌素	6% 悬浮剂、25% 水分散粒剂	美洲斑潜蝇、夜蛾等鳞翅目害虫
19	氯虫·高氯氟	14% 微囊悬浮剂	斑蛾、夜蛾、毒蛾等鳞翅目害虫
20	灭幼脲	25% 悬浮剂	舟蛾、刺蛾等
21	灭蝇胺	75% 可溶性粉剂等	潜叶蝇
22	螺虫乙酯	24% 悬浮剂	蓟马、木虱、蚧壳虫等
23	苏云金杆菌（BT）	1.6 万 ~ 3.2 万国际单位 /mg 可湿粉	螟蛾、刺蛾等
24	百部·楝·烟	1.1% 乳油	卷蛾、螟蛾、斑蛾等
25	四聚乙醛	6% 颗粒剂、40% 悬浮剂等	蜗牛等软体动物
26	甲萘威·四聚乙醛	30% 可湿粉	蜗牛等软体动物

注：使用化学防治方法，应根据防治对象特点和发生情况合理选择药剂。附表药剂仅供参考，实际使用应及时关注新药动态，选择经济、有效、安全的农药。